酷科学 解读生命密码
KU KEXUE JIEDU SHENGMING MIMA

神奇的基因

王　建◎主编

时代出版传媒股份有限公司

安徽美术出版社

全国百佳图书出版单位

图书在版编目（CIP）数据

神奇的基因/王建主编 . —合肥：安徽美术出版社，
2013.3（2021.11重印）（酷科学 . 解读生命密码）
ISBN 978－7－5398－3552－5

Ⅰ . ①神… Ⅱ . ①王… Ⅲ . ①人类基因－青年读物
②人类基因－少年读物 Ⅳ . ①Q987－49

中国版本图书馆 CIP 数据核字（2013）第 044125 号

酷科学·解读生命密码
神奇的基因

王建 主编

出 版 人：王训海
责任编辑：张婷婷
责任校对：倪雯莹
封面设计：三棵树设计工作组
版式设计：李 超
责任印制：缪振光
出版发行：时代出版传媒股份有限公司
　　　　　安徽美术出版社（http://www.ahmscbs.com）
地　　址：合肥市政务文化新区翡翠路 1118 号出版传媒广场 14 层
邮　　编：230071
销售热线：0551－63533604 0551－63533690
印　　制：河北省三河市人民印务有限公司
开　　本：787mm×1092mm　　1/16　　印 张：14
版　　次：2013 年 4 月第 1 版　　2021 年 11 月第 3 次印刷
书　　号：ISBN 978－7－5398－3552－5
定　　价：42.00 元

　　时空舞台上演绎着如梦如歌的天地玄妙，充满着似真似假的千古谜团，而生命本身便是这些谜团中最迷人的一个，神奇的生命让人们如痴如醉，并促使人们一次又一次地发问：生命究竟是什么？人类从哪里来？为什么生命的延续中伴随着许多奇妙的现象？生物技术会给人类带来哪些危害？人们应该如何控制？这些问题的答案都与我们息息相关，也是每一个人都想要知道的。尽管今天的人类拥有高度发达的科学，我们可以上九天揽月，可以下深海探秘，但人类仍有太多的疑问、太多的谜团；我们可以分裂原子，改变基因，克隆生命，再造物种，但人类仍有太多的梦想、太多的期待。于是，疑问与谜团，梦想与期待，便给了我们破解人类文明与科学未解之谜的精神和勇气，给了我们心灵遨游未知世界的动力。人类的历史，也正是在不断探索和破解未知世界的过程中，不断地向前迈进。

CONTENTS

细　胞

　　细胞是组成包括人类在内的所有生物体的基本单位，这一基本单位的含义既包括结构上的，也包括功能上的。细胞是新陈代谢最基本的结构和功能单位。

　　生物体的各项生命活动及生命的生理、行为特点都是建立在细胞这一特殊结构基础之上的。细胞像生物体一样，也要经历出生、生长、成熟、繁殖、衰老、死亡的过程。

细胞的结构

所有的生命形式，基本上都是以细胞为基础的。生命要延续，不管是有性生殖，还是无性生殖，都是小小的细胞在不停地复制自己。现代生物学家要进行"克隆"，也要对细胞进行"手术"。

所以，一切都要从细胞开始。

细胞包括细胞膜、细胞质和细胞核。植物细胞和细菌还含有细胞壁。细胞质是细胞中除了细胞核以外细胞膜以内的原生质。但科学家发现细胞质并不是均匀的，其中包含了许多有形结构。这些结构被称为细胞器，如质体、线粒体、核糖体、圆球体、溶酶体、中心粒、高尔基复合体、液泡等。

线粒体
高尔基复合体
溶酶体

细胞结构图

知识小链接

溶酶体

溶酶体是真核细胞中的一种细胞器；为单层膜包被的囊状结构，直径0.025～0.8微米；内含多种水解酶，专司分解各种外源和内源的大分子物质。

环绕在细胞外围的结构可分为内外两层。内层由脂类和蛋白质组成的细胞膜，亦称质膜，它是细胞都具有的相同结构。外层为细胞表面，这一层在各类细胞中差别很大，动物细胞没有细胞壁，但在细胞膜外也覆盖着细胞外被和胞外基质，在植物细胞膜外面尚有壁。细胞壁是植物细胞区别于动物细胞的重要特征之一。植物细胞壁的主要作用是使植物细胞保持一定形状和一定的渗透压。

在电镜下可以看出，细胞膜呈暗—明—暗形式的 3 层结构。细胞膜不仅是细胞把其内部与周围环境分开的边界，更重要的是，它是细胞同周围环境或其他细胞进行物质交换的通路。细胞膜对物质穿越细胞膜运输和交换有调节作用，它是细胞的一道动态屏障。

生物膜是细胞进行生命活动的重要结构基础，细胞的能量转换、蛋白质合成、信息传递、运动、分泌、排泄、物质运输等活动都和膜的作用相关。

根据有无细胞核膜可以将细胞分为原核细胞和真核细胞两大类型。

原核细胞最主要的特征是没有由膜包围的细胞核，遗传物质均匀分布于整个细胞中或集中存在于细胞的一个或几个区域中。这些区域中物质密度较低，但与周围

糖蛋白　磷脂分子　蛋白质分子　磷脂双分子层

细胞膜结构示意图

高密度的细胞质无明确的分界，故把这种低密度区称为类核。类核中含有盘绕的细丝，这些细丝是不结合蛋白质裸露的 DNA 双螺旋。由原核细胞构成的生物称为原核生物。分类学家把原核生物划为一个独立的界，即原生界，其中包括蓝藻和各类细菌。真核细胞最主要的特点是细胞内有膜，把细胞分成了许多功能区。最明显的是含有膜包围的细胞核，此外还有由膜而形成的细胞器（如线粒体、叶绿体、内质网、高尔基复合体等）。分区使细胞的代谢效率较原核细胞大为提高。例如，氧化磷酸化活动主要集中在线粒体中进行；植物细胞的光合作用机能由叶绿体来承担。

细胞核大多呈球形或卵圆形，但也随物种和细胞类型不同而有很大差别。有的也可呈分枝状、带状。核的形状往往同细胞的形状有很大的关系。多角形、立方形和圆形的细胞，其核也多呈圆形。细胞核的位置多处于细胞的中

央，如果细胞的内含物增多，则可把核挤到一侧。如植物细胞、液泡增大后核偏一侧；动物的脂肪细胞、脂肪滴加大后，核即被挤到细胞边缘，呈扁盘状。可是不论是什么形状，核膜多是凹凸不平。细胞核在细胞生活周期中，形状变化很大，在分裂阶段时，细胞核可暂时解体。

细胞核的外表包一层双层膜结构，称为核膜。核膜是核的边界，由内外两层单元膜组成。核膜并不是完全连续的，有许多部位，核膜内外两层互相连接，形成了穿过核膜的小孔，称为核孔。核孔是核质与细胞质进行物质交换的重要通道。核孔不是单纯的空洞，结构相当复杂，因此又把这种小孔称为核孔复合体。

基本小知识

核 膜

核膜是位于真核生物的核与细胞质交界处的双层结构膜。外膜与内质网的一部分相连接。核膜的基本结构，可因生物种类的不同而异。

细胞核在细胞的生命活动中处于极为重要的地位，是细胞遗传物质的集中区，它对细胞的结构和活动具有调节和控制作用。真核细胞的间期核有一个或几个浓密的球形小体，称为核仁。因为它较周围的核液要浓密得多，故在光学显微镜下清晰可见。核仁的形状、大小、数目，因生物种类和生理状态不同而有所变动，一般生理活动旺盛的细胞，核仁大；不太活动的细胞，核仁就小。核仁总是位于染色体组中一定染色体的特定部位。在细胞核内，DNA 分子和蛋白质结合成

趣味点击

染色体

染色体是细胞内具有遗传性质的物体，易被碱性染料染成深色，所以叫染色体（染色质）；其本质是脱氧核甘酸，是细胞核内由核蛋白组成、能用碱性染料染色、有结构的线状体，是遗传物质基因的载体。

了染色质，在分裂阶段，染色质浓缩成染色体。各种生物的染色体数目一般是恒定的，少的有两个，多者达数百个。在光学显微镜下可以看到一种嗜碱性很强的物质，称为染色质。在间期核中，染色质以两种状态存在，有的是伸展开的呈电子透亮状态，称为常染色质；另一种被称为异染色质。

核仁的功能是转录转运DNA。在细胞分裂时，染色质凝缩为染色体。

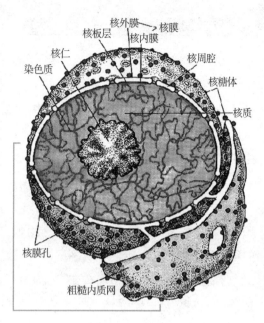

细胞核结构图

📩 细胞中的化学成分

细胞中的化学成分是极为复杂的，有无机物，也有有机物，种类很多。这就需要利用生物化学知识和技术来分析。

生物化学以研究生命的物质基础和阐明生命过程中的基本化学变化规律为主要目的，直接涉及生命的本质问题。

生物体内物质的新陈代谢是维持生命的重要保证。生物化学的成就揭示了细胞内新陈代谢是数以千计的互相联系的化学变化交织而成的，其中每一个具体的化学反应几乎都由具有专一性的生物催化剂——酶所催化。整个新陈代谢能够有条不紊地进行，是由于受酶体系引起的化学反应本身的反馈调节、神经以及各种激素的调节和基因的控制。

◎ 蛋白质

蛋白质是细胞中的一种极其重要的物质，"生命是蛋白质的存在方式"。

19 世纪，化学家和生物学家分析研究了鸡蛋蛋白、血液、牛奶、骨髓和神经等的成分，认识到含氮的蛋白质类化合物的重要性。他们很早就注意到了这种特别的物质，即对这些物质加热时，它们会从液态变为固态，而不发生逆变化。于是，1836 年化学家将这种物质命名为蛋白质。

蛋白质是含碳、氢、氧、氮和硫的化合物，大多数生物体中的蛋白质占总质量的一半以上。蛋白质种类繁多，据估计，在人体中蛋白质的种类不下10 万。例如，血红蛋白、纤维蛋白、组蛋白、各种色素、各种酶等。蛋白质的种类和数量不仅因生物种属不同而有差异，而且在不同个体间，甚至在同一个个体的不同发育时期都有变化。一个小小的细胞可以含有几千种蛋白质和多肽。这些蛋白质又可根据它们在生物体内所起作用的不同，分成五大类：

拓展阅读

酶蛋白

酶的纯蛋白部分，是相对于辅酶因子而言，又称为脱辅基酶蛋白，其单独存在时不具有催化活性，与辅酶因子结合形成全酶后才显示催化活性。酶蛋白目前主要用于饲养业。

1. 酶蛋白。生物体内进行着成千上万种化学反应，这些反应是在一类叫作酶的特殊蛋白质生物催化剂的作用下进行的，反应速度很快，往往是体外速度的几百倍甚至上千倍。

2. 运载蛋白。动物中氧气的运输是靠血液中的血红色素，对于高等哺乳动物来说就是血红蛋白。生物的细胞膜上含有各种各样的运载蛋白质，它们在生物的物质代谢中起着重要的作用。

3. 结构蛋白。生物体的细胞结构，包括细胞膜、细胞核、质体、线粒体、核糖体、内膜系统，以至真核类的染色体等在结构上都含有大量由蛋白质组成的亚基，形成了细胞的框架结构。

4. 抗体。生物体内的免疫防御系统。外界的病原体入侵生物体时，生物体便产生一种特异蛋白质能与它们对抗，使其解体，这就是抗体。

5. 激素。生物体内某一部分可以产生一类特种的蛋白质，通过循环，释放到血液中，调节其他部分的生命活动。

蛋白质是由氨基酸组成的大分子物质，是由许多种不同的氨基酸组成的。蛋白质的种类虽多，但它们水解产物都是氨基酸。20 世纪 30 年代，人类已经搞清楚，生物的氨基酸仅 20 种，它们是甘氨酸、丙氨酸、缬氨酸、亮氨酸、异亮氨酸、丝氨酸、苏氨酸、苯丙氨酸、酪氨酸、半胱氨酸、甲硫氨酸、赖氨酸、精氨酸、组氨酸、天冬氨酸、谷氨酸、色氨酸、脯氨酸、胱氨酸、蛋氨酸。

许多氨基酸并不直接形成蛋白质，它们先组成蛋白质的次级结构多肽，再由多肽组成蛋白质。多肽没有明显的蛋白质特性，多肽呈螺旋状结构。一种特定的蛋白质的特性，除决定于构成它的多肽链的氨基酸的数目、种类和比例之外，还和它们的排列次序及四级空间结构有关。小的蛋白质分子量只有几千，所含的氨基酸也不超过 50 个，有的蛋白质的分子量达几十万至几百万，含有几千、几万个氨基酸。每一种蛋白质的性质，取决于所有各种氨基酸在分子链上按什么次序排列。即便每一种氨基酸只出现一次，19 个氨基酸在一个链上可能有的排列方式就接近 12 亿种，而由 500 多个氨基酸组成的血蛋白那么大的蛋白质，可能有的排列方式就是 10^{66} 种，这个数目比整个已知的宇宙中的亚原子粒子的数目还多得多。所以，这种多样性，能反映几百万种物种、不计其数的生物品种，以及大量品种内个体间的性状的千差万别，构成各式各样的生命现象。从这种意义来看，可以认

你知道吗

多　肽

多肽是 α - 氨基酸以肽链连接在一起而形成的化合物，它也是蛋白质水解的中间产物。由两个氨基酸分子脱水缩合而成的化合物叫作二肽，同理类推还有三肽、四肽、五肽等。能透过半透膜，不被三氯乙酸及硫酸铵所沉淀。

为"生命是蛋白质的存在方式"。

从1959年开始，美国的一位生物化学家领导一个小组开创了一个新的合成蛋白质的方法，即把想要制造的那个链上的头一个氨基酸连到聚苯乙烯树胶小颗粒上，然后再加上第二个氨基酸的溶液，这个氨基酸就会接到第一个的上面，此后再加上下一个。这种往上面添加的步骤既简单又迅速，并且能自动化，还几乎没有什么损耗。1965年，我国科学工作者就用这种方法合成了具有活性的人工胰岛素，为人类开创了人工合成蛋白质的前景。到1969年，合成的链更长，为124个氨基酸的核糖核酸酶。

酶是蛋白质分子的一种，它能在没有高温、高压、强化物质的条件下，在严格而又灵活的控制下，进行体内多种复杂的化学反应，维持生命的各个方面。生物体内的几乎每一种化学反应步骤都有一种专一的酶在起催化作用，其催化效率比一般催化剂高约 $10^6 \sim 10^{10}$ 倍。

酶就是"蛋白质催化剂"。已知酶有2800多种，酶是有机体的催化剂。和无机物的催化剂不同，它有着高度的专一性。每一种酶都有特定结构的表面，以便和一种特殊的化合物结合。起催化剂作用的不是整个酶分子，而只是酶分子的一部分。后来，人们进一步发现一个有趣的现象：可以把酶分子大大地"砍掉"一段，而且不影响它的活性。例如，有一种同胃蛋白酶差不多的"木瓜蛋白酶"，从N端去掉胃蛋白酶分子180个氨基酸中的80个，它的活性看不出降低多少。这样，至少可以把酶简化到便于人工合成的程度，变成相当简单的有机化合的合成酶，从而可以大量生产，用于各个方面。这将是一种"化学上的小型化"，能把整个化学工业推向一个新的发展阶段。

广角镜

氨基酸

氨基酸是含有氨基和羧基的一类有机化合物的通称。它是生物功能大分子蛋白质的基本组成单位，是构成动物营养所需蛋白质的基本物质。它是含有一个碱性氨基和一个酸性羧基的有机化合物。

◎ 单糖和多糖

在细胞中的糖类可以分为两种，单糖和多糖，其中多糖是由单糖聚合而成的。

单糖在细胞中是用作能源来利用的。最重要的单糖有两种——五碳糖和六碳糖。在五碳糖分子中，含有 5 个碳原子，而在六碳糖分子中，含有 6 个碳原子。

你知道吗

淀 粉

淀粉是葡萄糖的高聚体，是植物体中贮存的养分，贮存在种子和块茎中，各类植物中的淀粉含量都较高。淀粉有直链淀粉和支链淀粉两类。

葡萄糖是细胞中最重要的单糖之一，也是供给生物能量的重要物质之一。葡萄糖在体内代谢途径的阐明，在整个新陈代谢问题的研究中占有极为重要的地位。现在已经清楚地了解，糖在生物体内的氧化，包括不需氧的氧化和需氧的氧化两个过程。

多糖在细胞中的用途更广泛，主要可以分为两种，一是作为食物储存，二是参加细胞的结构组成。多糖在植物细胞中表现为淀粉，而在动物细胞中表现为糖原。

淀粉和纤维素都是多糖类化合物，是生物细胞的重要组成部分。但是这些物质的组成成分和结构也是到 19 世纪以后才逐渐被认识的。19 世纪中叶研究人员发现，不论是淀粉还是纤维素，水解后的产物都是葡萄糖。它们的化学成分都是由碳、氢、氧组成，其中氢氧之比同水分子一样，所以长期以来称这类化合物为碳水化合物。

淀粉在生物体内有两类分子，均由葡萄糖分子聚合而成，一类淀粉是不分支的分子，所

趣味点击　单　糖

单糖一般是含有 3~6 个碳原子的多羟基醛或多羟基酮。最简单的单糖是甘油醛和二羟基丙酮。单糖是构成各种糖分子的基本单位，天然存在的单糖一般都是 D 型。

以人们将其称为直链分子；另一类淀粉分子为有分支的多糖，称为支链淀粉。支链淀粉的分子要比直链淀粉的分子大，在直链淀粉分子中，每一分子含有 250～300 个葡萄糖单元，而在支链淀粉分子中，每一分子含有 1000 个以上的葡萄糖单元。

◎ 脂 类

细胞内脂类化合物的种类很多，包括脂肪、脂肪酸、蜡、甾质、磷酸甘油酯等。

脂肪酸在细胞和组织中的含量极微，它的重要性在于它是若干种脂类的基本成分。脂肪酸类是由碳氢链组成的，一头溶于水，另一头不溶于水，所以，当脂肪酸在水中，是一头扎在水里的模样，可溶性的一头扎入水中，而另一头则露在水表面。

脂肪酸甘油酯是动、植物体内脂肪的主要贮存形式。当生物体内碳水化合物、蛋白质或脂类过剩时，即可形成甘油酯贮存。脂肪酸甘油酯为能源物质，氧化时可比蛋白质多释放出 2 倍的能量。

此外，磷脂是构成细胞膜系统的主要成分。动物细胞膜的主要磷脂成分为脑磷脂和卵磷脂。在细菌细胞膜和叶绿体、线粒体膜中还有一种心磷脂。

核酸是另一种重要的生命物质，它的发现比蛋白质约晚 30 年。

基本小知识

磷 脂

磷脂也称磷脂类、磷脂质，是含有磷酸的脂类，属于复合脂。磷脂组成生物膜的主要成分，分为甘油磷脂与鞘磷脂两大类，分别由甘油和鞘氨醇构成。磷脂为两性分子，一端为亲水的含氮或磷的尾，另一端为疏水（亲油）的长烃基链。由于此原因，磷脂分子亲水端相互靠近，疏水端相互靠近，常与蛋白质、糖脂、胆固醇等其他分子共同构成脂双分子层，即细胞膜的结构。

基因与基因组

　　基因的分子结构和组织对基因的表达有重要的影响，基因是生物体传递和表达遗传信息的基本单位。不同生物的基因和基因组结构都有各自的特点，所储存的遗传信息有着很大的差别。近几年来，各自生物基因组计划的开展，特别是最近发展起来的生物信息学，为深入研究基因的分子结构和组织以及基因组的发展奠定了基础。

什么是基因

遗传学作为一门独立的学科，对它的精确研究，即现代遗传学，是从生物学家孟德尔开始的。孟德尔选择了正确的试验材料——豌豆，并首次将数学统计方法应用到遗传分析中，成功揭示出遗传的两大定律：分离规律和自由组合规律。在其学说中，孟德尔明确地提出了遗传因子的概念，并且强调控制不同性状的遗传因子的独立性，彼此间并不"融合"或"稀释"。

你知道吗

统 计

统计，指对某一现象有关的数据的搜集、整理、计算和分析等的活动。常用统计方法有均值、中位数、众数、正态分布、方差分析等。

1899 年，生物学家约翰逊首次提出用"基因"一词来代替孟德尔的遗传因子。他认为遗传因子是一个普通用语，不够准确，而"基因"是一个很容易使用的字眼，容易跟别的字结合。他在 1911 年还指出，受精并不是遗传具体的性状，而是遗传一种潜在的能力，他把这叫作"基因型"。基因型可能在个体中表现出可见性状（表现型），也可能不表现。

知识小链接

基 因 型

基因型又称遗传型。某一生物个体全部基因组合的总称。它反映生物体的遗传构成，即从双亲获得的全部基因的总和。据估计，人类的结构基因约有 5 万对。因此，整个生物的基因型是无法表示的，遗传学中具体使用的基因型，往往是指某一性状的基因型。

约翰逊提出的基因一词一直被沿用下来。在经典遗传学中，基因作为存在于细胞里有自我繁殖能力的遗传单位，它的含义包括 3 个内容：第一，在控制遗传性状发育上是功能单位，故又称顺反子；第二，在产生变异上是突变单位，故又称突变子；第三，在杂交遗传上是重组或者交换单位，故又称重组子。把基因分成顺反子、突变子、重组子，证明基因是可分的，打破了传统的"三位一体"的说法。这一观点现在已经被现代遗传学所证实。

基本小知识

突 变 子

突变子是基因突变的基本单位，染色体的最小部分，可以小至单一的核苷酸，其改变可以导致一种突变的形成。

生物学家缪勒认为，应该摆脱基因概念创始人的束缚，并力图将基因物质化与粒子化。他提出，如果基因是物质的，人们就可以用自由电子等打中它，并得到对它大小的估计。缪勒就是在这种思想指导下，首次以 X 射线造成人工突变来研究基因的行为。1921 年，缪勒明确提出：基因在染色体上有确定的位置，它本身是一种微小的粒子。它最明显的特征是"自我繁殖的本性"；新繁殖的基因经过一代以上，是可以"变成遗传的"。基因类似病毒，今天我们知道，任何最简单的病毒也不止一个基因，况且病毒外面还有蛋白质外壳。提出基因类似病毒，足以反映缪勒力图将基因结构具体化、物质化的想法。

在人们承认基因是遗传的基本单位之前，生物化学家曾经将酶作为遗传的基本物质，并提出"酶制造酶"的错误理论。

20 世纪三四十年代，当遗传学家为基因的作用而感到困惑不解时，生物化学家正在兴致勃勃地研究酶。酶是一种特殊的蛋白质。酶具有催化和控制化学反应的特殊才能。而且这时的生物化学家们已经知道，蛋白质是由许多氨基酸聚合而成的多肽链，多肽链本身就可以折叠成复杂的蛋白质的立体结构。可是生物化学和遗传学在这个时期却并没有什么配合，大家都各行其是。遗传学家向生物化学家提出了一个问题：细胞中的蛋白质或酶是从哪里来的？

于是一些生物化学家就提出这样一种见解：蛋白质的生成只要用一个又一个的具有特殊功能的酶把氨基酸的顺序决定下来就行了。因此，制造每一种蛋白质就一定会有与它的氨基酸数相等的酶存在。这就是"酶制造酶"的理论。这其中有一个历史原因，当时蛋白质化学发展较快，核酸的生化分析则发展较慢。

但这个理论是错误的。虽然这个假说看起来好像很有道理，但是试想一个蛋白质的形成需要许多决定氨基酸顺序的酶，那么这种决定氨基酸顺序的酶是什么呢？它又是谁制造出来的呢？那只有再假设存在一系列的决定氨基酸顺序的酶的酶，这样下去就没完没了了，氨基酸的顺序问题永远也得不到解决。

还有一种见解，认为细胞中存在着一种神奇的蛋白质模板，可以不断地变化形状，20 种氨基酸就在模板上形成不同的顺序。可是人们一直不能找到这种模板，相反却发现所有的酶似乎只有一种功能，专一性非常强，那种多功能的模板根本不存在。

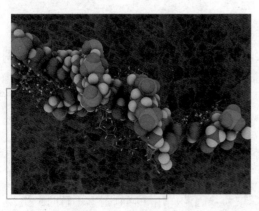

基因结构示意图

后来人们逐渐知道，如果蛋白质能够制造蛋白质，那么反应的精确性必须非常高。每合成 10^8 个氨基酸不能产生一个错误，这样才能保证遗传信息的稳定性。但是，在酶生酶反应的原材料——氨基酸中有很多是彼此非常相似的。实际上酶是不能担负起遗传物质的作用。

1951 年，摩尔根等人出版了《孟德尔遗传的机制》一书。这本书总结了他们主要的遗传学观点。在这本书里，摩尔根全面提出了基因论。基因论的主要观点是：

1. 基因论认为，基因位于染色体上；

2. 基因论指出，由于生物所具有的基因数目大大超过了染色体的数目，一个染色体通常含有许多基因；

3. 基因论认为，基因在染色体上有一定的位置和一定的顺序，并呈直线排列；

4. 基因论提出，基因之间并不是永远连接在一起，在减数分裂过程中，它们与同源染色体上的等位基因之间常常发生有秩序的交换；

5. 基因论认为，基因在染色体上组成连锁群，位于不同连锁群的基因在形成配子时按照孟德尔第一遗传规律和孟德尔第二遗传规律进行分离和自由组合，位于同一连锁群的基因在形成配子时按照摩尔根第三遗传规律进行连锁和交换。

DNA 结构图

从最高等的哺乳动物到最低等的细菌和病毒，基因在染色体上的原理都是适用的，因此基因论科学地反映了生物界的遗传规律。不过基因论也有局限性，当时谁也不知道基因是什么样的物质；至于这样的遗传粒子究竟有什么功能，它是如何发挥功能的等一系列的问题，基因论并没有涉及。因此，孟德尔、摩尔根的学说在当时被称为形式遗传学。

趣味点击　碱基

　　碱基指嘌呤和嘧啶的衍生物，是核酸、核苷、核苷酸的成分。核酸中也有一些含量很少的稀有碱基。稀有碱基的结构多种多样，多半是主要碱基的甲基衍生物。

最终解决基因概念的问题是分子遗传学的出现。要解决基因到底是什么的问题，分子遗传学就需要回答：如果 DNA 是遗传物质，那么它何以具有稳定的结构？是什么力（弱力还是强力）把它们结合在一起？它的结构中糖、磷酸与碱基处在什么样的关系中？如何产生它的副本？又如何携带遗传信息？

在实验基础上，研究人员经过艰苦的探索和分析，终于在1953年揭示了DNA的结构。DNA双螺旋结构的提出，标志着遗传物质认识史上的新阶段，从此奠定了基因的分子论，并揭示了遗传密码和遗传物质的调节控制机制。生物学家认识到DNA结构上贮存着遗传信息，这些特定的信息规定某种蛋白质的合成，从而达成了共识：DNA是遗传物质，基因是核苷酸上的一定碱基序列。

现代生物学证明，基因是生命的遗传物质，是遗传的基本单位，是DNA（脱氧核糖核酸）或是某些病毒中的RNA（核糖核酸）分子的很小的区段。一个DNA分子可以包含成百上千甚至上万个基因，每个基因又包含若干遗传信息。

基因的组成

摩尔根的研究工作说明，基因负责性状的遗传，它们存在于细胞核的染色体上。那么，基因是由什么物质组成的呢？这个问题的解决经历了一条艰难曲折的道路。科学家们通过对染色体化学成分的分析，了解到染色体是由蛋白质和核酸组成的。然而，二者究竟谁是组成基因的物质成分呢？

从很早的时候起，人们就认识到蛋白质在生命活动中的重要作用。科学家们发现，构成生物体的成分当中，大部分物质是各种各样的蛋

你知道吗

蛋白质

蛋白质是生命的物质基础。机体中的每一个细胞和所有重要组成部分都有蛋白质参与。蛋白质占人体重量的16%~20%。人体内蛋白质的种类很多，且性质、功能各异。但都是由氨基酸按不同比例组合而成的，并在体内不断进行代谢更新。

白质，而生命活动的新陈代谢过程中更是都需要一种特殊的蛋白质——酶的催化作用。人们还发现，调节生命活动的许多激素也是蛋白质。可以说没有蛋白质就没有生命。于是，在探索遗传奥秘的进程中，科学家们很自然地便把寻找遗传物质的目光，首先投向了蛋白

趣味点击　　寄生虫

寄生虫指一种生物，将其一生的大多数时间居住在另外一种动物，称为宿主或寄主上，同时对被寄生动物造成损害。许多小动物以寄生的方式生存，依附在比它们更大的动物身上。

质。蛋白质是由许多氨基酸分子相互连接而成的高分子化合物，它像一列很长的火车，由许多车厢组成，每一节车厢便可以看作是一个氨基酸分子。由于组成每种蛋白质分子的氨基酸种类不同，数目成千上万，排列的顺序变化多端，形成的空间结构更是千差万别，因此，蛋白质结构的多种多样，正好可以说明构成生物的多样性。但是，非常遗憾的是，经过许多科学家的研究证明，蛋白质并不能"复制"，它不能由蛋白质生成相同的蛋白质，也就是说，蛋白质不符合遗传物质能"传宗接代"的基本条件，于是想证明蛋白质是遗传物质的尝试最终失败了。有趣的是，这个长期令人困惑不解的问题，后来在小小的微生物的帮助下解决了。科学家们借助对细菌和病毒的研究，终于揭开了其中的奥秘。人们终于发现，原来核酸就是生命的遗传物质，是基因的组成成分。

大家都知道，世界上最简单的生命莫过于病毒了。它们是寄生在细胞里面的一种"寄生虫"。有一种叫噬菌体的病毒，是一种专门吃细菌的病毒，它的样子很像蝌蚪，但比蝌蚪小得多，是肉眼看不见的，只有在放大几万倍的电子显微镜下，才能见到它的真面目。噬菌体有一个六角形的头和中空的"尾巴"，头的外壳是由蛋白质构成的，里面含有一种核酸，叫脱氧核糖核酸，也就是 DNA。这种在空气中如同"尘埃"的微小生物，繁衍的方法非常奇特。当它们接触到细菌后，首先吸附在细菌上，然后像"注射器"一样，通过尾部把 DNA 注射到细菌中，蛋白质外壳则留在细菌外面。进入细菌内的

DNA 神通广大，会把细菌原有的正常生命活动，闹个天翻地覆，使细菌完全置于它的控制之下，为合成自己的核酸和蛋白质服务。这些核酸和蛋白质组装起来便装配成了许多病毒，破壁而出，然后再去侵染其他细菌。由此看来，病毒的传宗接代，靠的不是蛋白质而是 DNA，这就说明 DNA 是噬菌体的遗传物质。

1928 年，英国有位叫格里费斯的科学家在肺炎双球菌中发现了一个非常奇怪的现象。大家知道，肺炎双球菌有两种类型：一种是有毒的 S 型，它会使老鼠患肺炎而死亡；另一种是无毒的 R 型，不会使老鼠生病。格里费斯用高温杀死了有毒的 S 型细菌，再把它同活的 R 型无毒细菌混合起来，注射到老鼠体内。按理说，有毒的细菌已被杀死，活的细菌又无毒性，老鼠不应该生病了，但出乎意料，有些老鼠竟生病死了。于是，格里费斯对死鼠进行解剖、化验。结果发现，死老鼠的血液里有许多活的 S 型有毒的肺炎双球菌。这些"神出鬼没"的有毒病菌是从哪里来的？为什么死菌能"复活"呢？为什么无毒的 R 型活菌转变成了有毒的 S 型活菌？格里费斯认为，加热杀死的致病性的 S 型细菌中，一定

你知道吗

噬菌体

噬菌体是感染细菌、真菌、放线菌或螺旋体等微生物的细菌病毒的总称，作为病毒的一种，噬菌体具有病毒特有的一些特性：个体微小；不具有完整细胞结构；只含有单一核酸。噬菌体基因组合有许多个基因，但所有已知的噬菌体都是在细菌细胞中利用细菌的核糖体、蛋白质合成时所需的各种因子、各种氨基酸和能量产生系统来实现其自身的生长和增殖。

有一种物质可以进入到不致病的 R 型细菌中，从而改变 R 型细菌的遗传性状，使其变成了 S 型的致病双球菌。他的这种推测，直到 1944 年由于法国的科学家们的出色工作，才终于揭开了这其中的奥秘。

在实验中，艾弗利等科学家从有荚膜（即细菌外面包着的一层糖类物质）的 S 型细菌中，分离出了一种被称为"转化因素"的物质，他们将这种物质

加入到培养细菌的培养基中，培养没有荚膜的 R 型细菌。奇怪的是，无荚膜 R 型细菌经培养后，竟长出了荚膜，而且它的后代也都有了荚膜。经化学成分的分析证明，这种当时被称为"转化因素"的物质就是脱氧核糖核酸，也就是 DNA。这是生物学史上第一次用实验的方法证实了核酸是遗传物质，是基因的组成成分。DNA 作为遗传物质的发现，使遗传学的研究进入了一个新阶段。

基本小知识

荚　膜

荚膜是某些细菌在细胞壁外包围的一层黏液性物质，一般由糖和多肽组成。

核　酸

核酸是遗传信息的载体，是以核苷酸为基本构成单位的生物大分子。它与基因的关系极为密切。

核酸是由更简单的核苷酸组成，核酸能分解成含有一个嘌呤（或一个嘧啶）、一个核糖（或一个脱氧核糖）和一个磷酸的核苷酸。

核苷酸主要由 4 种不同的碱基组成。碱基是含氮的杂环化合物嘌呤的衍生物，因呈碱性，故称碱基。核苷酸中的碱基依次为"腺嘌呤""鸟嘌呤""胞嘧啶"和"胸腺嘧啶"。

核苷酸所含的糖，不是六碳糖，而是五碳糖，称为核糖。在核酸中由于所含五碳糖的性质不同，形成两种不同的核酸。酵母核酸含有"核糖"，称"核糖核酸"（RNA）；胸腺核酸里的糖很类似，糖只有一个氧原子，所以称为"脱氧核糖核酸"（DNA）。

20 世纪 40 年代，生物化学家们发现，染色体里的蛋白质和 RNA 的数量可以完全不同，但是 DNA 的数量则总是不变，这表明 DNA 和基因有密切的关系。现代生物学家证明，DNA 起基因的作用，是遗传物质。1967 年，科学研究发现马铃薯纺锤状茎病毒，是只有核酸而没有蛋白质的类病毒后，又接连发现 7 种只有核酸而没有蛋白质的类病毒，这就证明生命是以核酸的形式存在着。

核酸的发现是一个偶然事件。1869 年瑞士有位年轻人叫米歇尔（1844—1895）正在做博士论文。他要测定淋巴细胞蛋白质的组成（当时蛋白质的发现才有 30 年的历史，并被认为是细胞中最重要的物质）。米歇尔为了获得更多的实验材料，便到附近的诊所去搜集伤员们的绷带，想从伤员们的脓液里得到淋巴细胞。米歇尔研究的目的是分析这些细胞质里的蛋白质组成，因此他用各种不同浓度的盐溶液来处理细胞，希望能使细胞膜破裂而细胞核仍然保持完整。当他用弱碱溶液破碎细胞时，突然发现一种奇怪的沉淀产生了，这种沉淀物各方面的特性都与蛋白质不同，它既不溶解于水、醋酸，也不溶解于稀盐酸和食盐溶液。米歇尔意识到这一定是一种未知的物质，当他用不同浓度的盐溶液破碎细胞时好比是用不同孔径的筛子在搜寻这种物质，一旦盐浓度适当，该物质就被筛选沉淀出来了。那么这种物质是在细胞质里还是在细胞核里呢？为了搞清这个问题，他用弱碱溶液单独处理纯化的细胞核，并在显微镜下检查处理过程，终于证实这种物质存在于细胞核里。

米歇尔忘我地工作，1869 年从春天到秋天，他用上述方法在酵母、动物、肾脏以及有核（如鹅）的血红细胞中都分离到这种未知物质。这些研究结果使他相信这种物质在所有生物体的细胞核里都存在，于是他把它定名为"核质"。

说来也巧，当米歇尔把这一

你知道吗

卵磷脂

卵磷脂属于一种混合物，是存在于动植物组织以及卵黄之中的一组黄褐色的油脂性物质，其构成成分包括磷酸、胆碱、脂肪酸、甘油、糖脂、甘油三酸酯以及磷脂。卵磷脂被誉为与蛋白质、维生素并列的"第三营养素"。卵磷脂有时还是纯磷脂酰胆碱的同义词。

重大发现向他的老师霍普·塞勒报告时，霍普·塞勒同时也收到了另一名学生的报告，发现了另一种未知物质——卵磷脂。这两种未知物质都含有较多的磷元素，这样霍普·塞勒不得不谨慎地决定重复他们的实验。因此，直到1871年才发表这两位学生的文章。又过了若干年，霍普·塞勒的另一名学生科塞尔（1853—1927）经过10多年的研究搞清了酵母、小牛胸腺等细胞的核质是由4种核苷酸组成，其碱基酸组成分别为腺嘌呤（A）、鸟嘌呤（G）、胸腺嘧啶（T）和胞嘧啶（G）。而核酸组成成分中的另一个碱基尿嘧啶（U）的发现和鉴定则是20世纪初的事了。因为这类物质都是从细胞核中提取出来的，而且又都表现酸性，故改称为"核酸"。然而，实际上一直到了多年以后才有人从动物组织和酵母细胞中分离出不含蛋白质的真正核酸。

早期实验证明，核酸是由嘌呤碱（或嘧啶喊）、戊糖和磷酸组成的高分子物质。同时还发现，胸腺及许多其他动物组织细胞的核酸中所含的戊糖都是D－脱氧核糖，故称这类核酸为"脱氧核糖核酸"（DNA）；而酵母及多种植物细胞核酸中所含的戊糖是D－核糖，故称这类核酸为"核糖核酸"（RNA）。这些发现显然是核酸化学上的重要成果，但也带来了一些错觉以致长期使人们误认为DNA只存在于动物组织，RNA只存在于植物组织；而且两者都只集中存在于细胞核。直至20世纪40年代初期，由于生物化学新技术的不断出现和应用，这些错误观点才逐渐被纠正。

另一方面，自核酸被发现以来相当长的时期内，有关它的生物学功能几乎毫无所知。直到1944年才有人发现，若将从S型肺炎双球菌（外面有一层多糖类荚膜）中提出的DNA与R型肺炎双球菌（外面没有荚膜）一起温育，则可使R型菌转化成S型菌，而且还能传代，这表示肺炎双球菌的DNA与其转化和遗传有关。1952年有人进一步发现，若以^{35}S（进入蛋白质）和^{32}P（进入DNA）标记的噬菌体中，只含^{32}P而不含^{35}S。这表示噬菌体的增殖和传代直接决定于DNA，而不决定于蛋白质。这一事实进一步证明了DNA就是遗传的物质基础。差不多与此同时，还有人观察到凡是分化旺盛或生长迅速的组织（如胚胎组织等），其蛋白质的合成都很活跃，同时RNA的含量也特别丰富，这暗示了RNA与蛋白质的生物合成之间存在着密切的关系。

1953 年沃森和克里克提出的 DNA 双螺旋结构模型学说是人们对生物遗传特性的研究和核酸研究的共同结果。近百年遗传学研究所积累的有关遗传信息生物学属性知识，X 线衍射技术对 DNA 结晶研究获得的一些原子结构的最新参数以及核酸化学研究获得的关于 DNA 化学组成（尤其是 4 种碱基比例关系）及结构单元的知识提供了 DNA 双螺旋结构模型的理论依据，这也是近百年来核酸研究划时代的结果。

通过水解 DNA 和 RNA 均可生成其基本单位——核苷酸，而核苷酸彻底水解的产物是磷酸、戊糖和碱基 3 类物质。

组成核酸的元素有碳（C）、氢（H）、氧（O）、氮（N）、磷（P）等，其中磷元素的含量比较恒定，约占 9% ~ 10%。因此，可以通过测定磷的含量来推算核酸的含量。这种核酸定量分析的方法被称为定磷法。这是一种测定核酸含量的比较实用且简便的传统方法。

随着对 RNA 和 DNA 的分子结构与功能的研究，分子生物学的诞生，遗传密码的发现，基因工程的建立，对生命奥秘的探索越来越深入，把人类、动物、植物、微生物、病毒（非细胞生物）在核酸分子的水平上统一起来了。

◀▶ 基因的位置

要证明基因在染色体上的具体位置，并不是容易的事。每一种生物里有为数很多的染色体，除了细胞在分裂时染色体短暂地列队集合"亮相"以外，在细胞的绝大部分时间几乎看不到染色体。染色体在分裂时又有难以捉摸的自由组合现象。如果生物的细胞里存在一种加了标记的染色体，那就好了，这样无论它到哪里，都可以把它找出来。

其实细胞学家早已找到这种染色体。

实验中的摩尔根

1891 年德国科学家汉金报道，在一种半翅目昆虫细胞中，雄性的比雌性的缺少一个染色体。由于不知其所以然，他就把那条失去配偶的"光棍汉"称为 X 染色体。20 世纪初，细胞学家又发现，在其他昆虫里也有这种情况。有些昆虫的"光棍汉"虽然已经有了"配偶"，但这个"配偶"是个"驼背"，呈钩形，于是就把这个钩形染色体称为 Y 染色体。

1910 年摩尔根发现了果蝇的白眼性状的伴性遗传现象，并第一次把一个特定的基因定位于一条特定的染色体上。

摩尔根在做果蝇杂交实验的过程中，突然发现了一个白眼的雄果蝇，它的成活率很低。正常的果蝇的眼睛是红色的。他又继续做了 3 组试验。

第一组试验：把这个唯一的白眼雄果蝇与红眼果蝇进行交配。结果在子一代中没有发现一个白眼的果蝇，这说明白眼是一个隐性突变。子代的结果与孟德尔的学说完全相符。摩尔根感到非常有趣，于是进一步做了子二代试验。在子二代果蝇中出现了白眼的后代，而且比例基本上是 3∶1。但是这里有一点是分离定律所不能解释的，就是所有的白眼果蝇只限于雄性。

第二组试验：把子代的红眼杂种雌蝇再同仅有的一只白眼雄蝇亲本交配，这实际上是孟德尔的测交试验。测交结果基本上符合 1∶1∶1。这正是孟德尔对一对因子回交结果的预期值。同时在第二组试验中，摩尔根还发现白眼性状不但能在雄性果蝇中出现，而且也能在雌性果蝇中出现。

第三组试验：白眼雌蝇同另外一些红眼雄蝇交配。在这个试验里的子一代中，摩尔根发现：凡是雌蝇都像父亲，全是红眼；凡是雄蝇都像母亲，全是白眼。特别是作为隐性的白

趣味点击　　果蝇

　　果蝇广泛地存在于温带及热带气候区，而且由于其主食为腐烂的水果，因此在人类的栖息地内如果园、菜市场等地区内皆可见其踪迹。除了南北极外，目前至少有 1000 个以上的果蝇物种被发现，大部分的物种以腐烂的水果或植物体为食，少部分则只取用真菌、树液或花粉为其食物。

眼，居然出现于子一代，这确实是新情况。更使摩尔根感兴趣的是，这些子一代雌蝇与白雄蝇相互交配，生出的子二代的结果完全和第二个试验中的回交结果一样，其比例也是 1∶1∶1，红雌、白雌、红雄、白雄基本上以相同数目出现于子二代。

果　蝇

摩尔根对自己亲自做的上述 3 组试验进行了综合分析。他非但没有否定孟德尔的遗传规律，而且由于他知道雄性果蝇有一条特殊的 Y 染色体，它的性染色体是 XY 型，所以他下结论说控制红白眼性状的基因就在于果蝇的性染色体——X 染色体上。

第一组试验使摩尔根肯定了果蝇的红眼和白眼性状是一对相对性状，是由一对基因控制的；第二组试验充分证明，红白两个性状确实来自同一个基因，因为这里测交的结果只有红白两种果蝇。另外可以看出白眼性状的表现并不一定只能雄蝇有，回交的后代有一半是白眼雌蝇；第三组试验是一个关键的试验，因为红眼基因和白眼基因这一对等位基因存在于性染色体上。

基本小知识

等 位 基 因

等位基因一般指位于一对同源染色体的相同位置上控制着相对性状的一对基因。

由于果蝇的性染色体有两种：X 染色体和 Y 染色体，那么控制果蝇红眼还是白眼的基因是位于 X 染色体上还是 Y 染色体上，或者在 X 染色体和 Y 染色体上同时存在？摩尔根认为 X 染色体上有这种基因，Y 染色体上则没有这种基因。这是因为，Y 染色体是一个"残废者"，Y 染色体上基因很少。

因此，只要认为隐性的白眼基因在 X 染色体上，Y 染色体没有白眼基因的等位基因，它仅决定雄性性别，这样上述三个试验就非常容易理解了。否则，很难找到其他的解释。

摩尔根由此证明基因是位于染色体上。

1911 年，摩尔根又发现了几个伴性遗传基因，从而说明，基因的对数很多，而染色体的对数则很少。基因的对数大大多于染色体的对数，如果基因在染色体上，势必每条染色体上要有很多基因。

摩尔根将在同一对染色体上的基因称为一个连锁群，同时还发明了三点测交法来确定基因之间的相互位置和距离。如果基因是位于染色体上，那么不难知道，生物体中的连锁群的数目应该和染色体的对数相同，具体到果蝇上，就应该存在 4 个连锁群，如果在果蝇中发现 4 个连锁群，也就证明了基因是位于染色体上。

到 1914 年，摩尔根实验室已经在果蝇中发现了 80 多个基因，并确立了 3 组连锁群。而果蝇一共有 4 对染色体，按照摩尔根所确立的基因在染色体上呈直线排列的理论，那么应该有 4 组连锁群，而现在只找到了 3 组连锁群。从 1910 年开始，摩尔根和他的合作者找了 4 年，鉴定了将近 200 个基因，仍然没有发现最后一组连锁群。这对摩尔根的理论甚至对整个遗传的基因理论都是一个严峻考验。因为他的理论如果没有充分的事实支持是不能获得承认的。1914 年难关终于被攻破了。马勒找到了位于第 4 染色体上的第一个基因。这个基因与果蝇的眼有关，它的隐性性状是无眼。为什么果蝇的第 4 染色体上的基因这么难发现呢？从果蝇染色体的形态可以看出，这个染色体太小太短了，几乎是一个小圆圈，它所含有的基因不到果蝇基因总数的百分之一。无眼基因被发现后，又发现了两个基因与它连锁，这就证明第 4 个连锁群是客观存在的。不过它们的交换值都非常小，这正好与第 4 个染色体极短的长度相符合。

遗传学上的连锁群数与细胞学上的染色体数相等，这一生动的事实再一次证明了孟德尔—摩尔根遗传的染色体理论，基因是客观存在的，就在染色体上。

▶ 基因的一般特性

基因是能为生物活性产物编码的 DNA 片段，经过复制可以遗传给后代，经过转录和翻译可以指导生命活动所需的各种蛋白质的合成。这些生物活性产物主要是各种蛋白质和 RNA。

从中可以发现基因主要有以下 3 个基本特性：

1. 复制特性。DNA 通过以其自身为模板合成 2 分子完全相同的 DNA 分子，这样保证了亲代的遗传信息稳定地遗传到子代中去。RNA 也可通过复制（以 RNA 为模板合成 RNA）或逆转录（以 RNA 为模板合成 DNA）过程把遗传信息一代一代传下去。

2. 决定表现型。基因通过转录和翻译等过程把基因中的碱基排列顺序转变为蛋白质中氨基酸的排列顺序，决定了各种蛋白质的功能，体现出种种性状（表现型）。

3. 突变特性。突变是指基因分子中一个或几个核苷酸的异常变化。突变是生物进化、细胞分化的分子基础，是一种自然现象。但是，有些突变也可引起人类的多种疾病。

▶ 基因分类

基因按其功能可分为结构基因、调控基因和 RNA 基因 3 类。

1. 结构基因。结构基因是指能转录成 mRNA 并通过 mRNA 指导蛋白质或多肽链合成的基因。1941 年美国生化遗传学家们提出的"一个基因一个酶"的假说中所指的基因就是结构基因。人体内形形色色的蛋白质是结构基因表达的产物。

2. 调控基因。可调节和控制结构基因表达的基因叫调控基因。人体的调控基因是各种被称为顺式作用元件的 DNA 序列。主要有启动子、增强子和沉默子。

3. RNA 基因。这是指只转录而不翻译的基因，如：指导rRNA 合成的 DNA 序列——rRNA基因；指导 tRNA 合成的 DNA 序列——tRNA基因（tDNA）。这类基因的特点是具有高度重复序列。

拓展阅读

启动子

启动子是基因的一个组成部分，控制基因表达的起始时间和表达的程度。启动子就像"开关"，决定基因的活动。既然基因是成序列的核苷酸，那么启动子也应由核苷酸组成。启动子本身并不控制基因活动，而是通过与称为转录因子的这种蛋白质结合而控制基因活动的。

🔖 基因组

基因组是一个生物体内的全部遗传信息。绝大多数生物的基因组是由双链 DNA 组成，只有某些病毒的基因组是由双链或单链 RNA 组成（这类病毒属于 RNA 病毒）。人的基因组由染色体和线粒体 DNA 组成。

人类基因组的结构比较复杂，具有以下 4 个特点：

1. 结构庞大。人类基因组结构庞大，具体体现在：①一级结构方面，人类染色体基因组 DNA 由 31.647 亿个碱基对组成。在全部基因组中，大约有 3.5 万个基因，仅占全部基因组的 6%～10%；另有 5%～10% 的重复基因（如：rDNA 和 tDNA 等）；其余 80%～90% 为调控序列、功能不详序列或无功能的序列。②高级结构方面，人体的主要遗传物质与组蛋白等构成染色质，被包裹在核膜内，而且人体的染色体是二倍体。③有核外遗传成分，即存在于线粒体中的环状线粒体 DNA。人类线粒体 DNA 含有 37 个基因，其中 13 个基因编码 ATP 合成有关的酶和蛋白质，22 个为 tRNA 基因，2 个为 rRNA 基因。mtDNA 具有自我复制和转录及为蛋白质编码的功能，其结构比较简单，也没有组蛋白质包裹。

趣味点击

线粒体

线粒体由两层膜包被，外膜平滑，内膜向内折叠形成嵴，两层膜之间有腔，线粒体中央是基质。基质内含有与三羧酸循环所需的全部酶类，内膜上具有呼吸链酶系及 ATP 酶复合体。线粒体能为细胞的生命活动提供场所，是细胞内氧化磷酸化和形成 ATP 的主要场所，有细胞"动力工厂"之称。另外，线粒体有自身的 DNA 和遗传体系，但线粒体基因组的基因数量有限，因此，线粒体只是一种半自主性的细胞器。

2. 重复序列。人体基因组中有许多以一定核心序列串联起来的重复序列。根据重复序列在基因组中出现的次数，可将 DNA 分为高度重复序列、中度重复序列和单拷贝序列。①高度重复序列：其核心序列为 10bp ~ 300bp，重复 10^6 次，占基因组的 10% ~ 60%。②中度重复序列：其核心序列为 100bp ~ 500bp，重复 $10^3 ~ 10^4$ 次，占 10% ~ 40%。③单拷贝序列：在整个基因组中只出现一次或很少的几次，一般为蛋白质编码的基因。某些重复序列对 DNA 复制、RNA 转录调控等具有一定的作用。个体间 DNA 具有多态性的主要原因之一就是因为有重复序列的存在。分析人类 DNA 多态性在医学、法医学、遗传学和人类学等领域具有应用价值。

3. 单顺反子。人的每一个结构基因转录后生成一个 mRNA，经翻译只生成一条多肽链（或蛋白质）称为单顺反子。原核生物（如细菌）的一个 mRNA，经翻译往往生成多条多肽链或蛋白质称为多顺反子。人的各种基因的大小差别很大，如：血红蛋白基因仅约 1700bp；而假肥大型营养不良症基因全长 2300 千对碱基，是迄今为止发现的最长的人类基因之一。

4. 基因的断裂现象。由于人的结构基因与其他真核生物的结构基因一样，由若干个编码区和非编码区间隔而又连续镶嵌而成，并为一个由连续氨基酸组成的完整蛋白质编码，所以这种结构基因称为断裂基因。断裂基因中的编码序列称为外显子；而非编码序列称为内含子。在基因表达过程中，外显子和内含子均转录，但转录形成的初始产物要经过切除内含子和拼接外显子等步骤才能生成成熟的有功能的 mRNA。基因的断裂现象也是人及其他真核生物区别于原核生物（如细菌）的重要特征之一。

染 色 体

　　染色体是遗传物质的载体，染色体是遗传信息的载体，基因只有组织在染色体上才能在遗传上发生作用。当今，基因组研究是生命科学中最热门的领域。让我们透过染色体这条主线来探究生命的历程吧！

什么是染色体

现代医学证明，不论对于有性生殖，还是无性生殖，染色体都是生命复制的载体。遗传是通过染色体来实现的。

动物、植物和微生物中，包括人在内，它们的身体细胞中都有相当数目的染色体，一般有几对、几十对不等。较少者一对，多者可有几百对。

所谓染色体，实际上是染色体

人类染色体荧光显示

趣味点击　组蛋白

组蛋白是核生物体细胞染色质中的碱性蛋白质，含精氨酸和赖氨酸等碱性氨基酸特别多。组蛋白与带负电荷双螺旋DNA结合成DNA－组蛋白复合物。因氨基酸成分和分子量不同，主要分成五类。组蛋白是真核生物染色体的基本结构蛋白，是一类小分子碱性蛋白质，有五种类型：H1、H2A、H2B、H3、H4，它们富含带正电荷的碱性氨基酸，能够同DNA中带负电荷的磷酸基团相互作用。

以DNA－蛋白质的纤丝存在于间期核内。到了细胞分裂期，染色体纤丝就会不断螺旋化，成为在显微镜下可见的染色体，对真核类染色体的成分进行化学分析后，知道其中DNA占30%，蛋白质占60%～70%，还有少量RNA。

现在已经了解，染色体最小的单位是核小体，它是由4种组蛋白各2个分子，共8个分子组成一个直径为10纳米（1纳米为10^{-9}米）的圆珠。还有组蛋白H1存在于圆珠附近的

DNA 链上，这样一组结构称为核小体。

由于 DNA 链是连续的，必使许多的核小体成串，形成一条以 DNA 为骨架的染色体细丝。这样的细丝要经过 4 次螺旋化，从直径约为 10 纳米的一级结构纤丝到 30 纳米的二级结构螺旋体，再到三级结构直径为 400 纳米的超螺旋体，最后成为显微镜下可见的染色单体。

从 DNA 到染色体的大小比例改变多少？以人的染色体为例，在光学显微镜下观察到的长度约为 2～10 微米（1 微米 = 10^{-6} 米）。这是它们的 DNA 双链或者称核小体纤丝经过螺

细胞中染色体组成

旋再螺旋，长度大约压缩 1/8400，简单地可看作缩小到万分之一。如果把人的染色体的平均长度看作 6 微米，其 DNA 长度不小于 50 微米，每个细胞有 46 条染色体，DNA 的总长度达 150～170 厘米，这样长的 DNA 大约可容纳 109 个三体密码和相当于 100 万个基。信息量之大，可以蕴藏着表达一个正常人体所需要的全部遗传特性的基础。若把组成我们每一个人体的约 3×10^{14} 个细胞中的 DNA 长度总加起来，其长度可以自地球到太阳来回 100 次以上，多么惊人的天文数字。可是，当平常这么长的 DNA "云梯" 分散在一个人体的几千亿细胞中时，不借助于电子显微镜是无法找到它们的。

各种生物都有一定的染色体数目。高等动植物的染色体数目，一般是指体细胞内的染色体数目。用 $2n$ 表示同样的染色体有 2 套。

实际上，一般的染色体，称常染色体，确有 2 套，但和性别有关的染色体，即性染色体，在不同性别的细胞中是不同的。例如：人类女性除 22 对常染色体之外，还有一对和性别有关的 X 染色体，表示为：$2n = 22 \, \mathrm{II} + \mathrm{XX}$（同配性别）；而男性的性染色体在体细胞中是一个 X 和一个 Y，表示为 $2n = 22 \, \mathrm{II}$

+XY（异配性别）。

哺乳类的其他动物，两栖类如青蛙，昆虫的双翅目如果蝇、直翅目等的性染色体情况与人类相似。鸟类、昆虫的鳞翅目（如蚕）正相反，雌性是异配性别，雄性则是同配性别。

一种生物的一个细胞中全部染色体的形态特征称为染色体组型，也称为核型。根据相对长度、长短臂之比、着丝粒位置等，将常染色体分成 A～G 共7 个组，标有 X 和 Y 是性色体。XX 是女性，XY 是男性。每一染色体含有 2 个染色单体，除 X、Y 外，同样的染色体均有 1 对，共 23 对即 46 个。

20 世纪 60 年代以来，染色体的染色技术有了很大的发展。已可使染色体在纵向上显出各种不同的分带；分带的位置、宽窄和着色深浅等在不同的染色体上是各不相同的，对于某一种特殊染色分带技术来说，带型是专一和固定的。这种分带技术，把染色体组型技术引向深层次，在基因定位和染色体异常疾病的诊断中都非常有用。

染色体的结构变异

短臂
着丝粒
DNA
长臂
染色单体

染色体结构

尽管染色体结构是很稳定的，但在一定的外界条件下，染色体也会发生结构上的变化。这种变化是染色体断裂和重新差错接合而成的，所以又叫作染色体畸变。染色体畸变在生物进化中有一定意义。许多亲缘关系密切的种和亚种的分化，已证明是染色体结构变化的结果。所以，研究染色体结构变化对认识自然、解释自然是有帮助的。利用人工诱发的染色体结构变化，我们已经能够把某些野生植物的有用基因加入栽培植物的染色体中，还可以利用染色体结构变化控制害虫的繁殖。

染色体结构变异可分为4种类型：缺失、重复、倒位、易位。缺失是指一条正常染色体上某段的丢失，也就是丢失了一个或几个基因；重复是指一条正常的染色体增加了与本身相同的某一区段。一对同源染色体如彼此发生对应的交换，就可使一个染色体发生缺失，而另一染色体发生重复；倒位是指染色体在断裂后某一片段倒转方向重新差错接合起来；易位是指染色体在断裂后某一片段差错接合到另一非同源染色体中。

染色体结构变化可以在自然条件下产生，也可以通过辐射或化学诱变人为地加以诱导。这样便可以有目的地把染色体结构变化应用于实践。染色体结构变异被利用在家蚕品种改良中，其中最著名的是用于鉴别雌蚕以取得蚕丝增产的显著效果。我们知道，在生产上饲养雄蚕要比饲养雌蚕有利，因为雄蚕不会把养料消耗在产卵的需要上，桑叶吃得少，蚕丝吐得多，蚕丝重而丝的质量高，一般能增产20%～30%。那么能不能想办法控制雌蚕数量，有计划、有目的地多养雄蚕呢？日本科学家在家蚕上做了大量工作。家蚕的皮斑基因本来不在染色体上，不是伴性遗传。日本科学家用X射线照射家蚕，使染色体的一段发生易位，把皮斑基因从常染色体移到性染色体上，使得雌蚕都有皮斑，而雄蚕没有。这样，就很容易鉴别出雌雄来。凡是身上有皮斑的，就是雌蚕，否则就是雄蚕。利用这个方法在生产中就可多饲养雄蚕，以提高丝的产量。

利用染色体结构变化也可以更好地实现农作物育种。研究人员发现，在作物育种上经常碰到的一个问题是如何把野生植物的

广角镜

伴性遗传

伴性遗传是指在遗传过程中子代的部分性状由性染色体上的基因控制，这种由性染色体上的基因所控制性状的遗传方式就称为伴性遗传，又称性连锁或性环连。许多生物都有伴性遗传现象。它们的遗传方式与果蝇的白眼遗传方式相似。伴性遗传分为X染色体显性遗传，X染色体隐性遗传和Y染色体遗传。

有利基因转移到栽培植物中来。野生植物中有许多性状是十分有利的，例如，对某些病毒的免疫性或抗性。如果能最妥善地转移到亲缘相近的栽培植物中，那就会大幅度地提高产量。要做到这一点，首先要在近缘野生种中找到这种可资利用的基因，再把它跟栽培种杂交，获得能育的后代，再和栽培种回交。一般来说，野生亲缘种的染色体跟栽培种的染色体之间不能同源配对，因而不能通过交换重组把所需基因从野生染色体转移到栽培植物染色体上。唯一的办法是使带有有利基因的染色体片段断裂下来，接加到栽培植物的染色体上。这样，在栽培植物的染色体上留下一个易拉片段，便实现了有利基因的转移。

基本小知识

辐　射

辐射有实意和虚意两种理解。实意可以指热、光、声、电磁波等物质向四周传播的一种状态。虚意可以指从中心向各个方向沿直线延伸的特性。辐射本身是中性词，但是某些物质的辐射可能会带来危害。长期使用电脑的人，我们建议您在办公桌的一角摆放一盏晶体石膏灯可以有效地缓解您的疲劳，减少电磁辐射。

染色体的数目变异

自然界中绝大多数生物都以二倍体的形式存在，但是对生物的生活和发育来讲，有一套完整的染色体就可以了，这就是生物界为什么能够比较广泛地存在单倍体的原因。但是单倍体有一个致命的缺点：如果一个基因发生了有害的突变，那么它就成了害群之马，整个个体就有死亡的危险。二倍体就能克服这一弱点，至少这个"害群之马"的终身伴侣——等位基因还可能帮助它一下，用显性克服有害的隐性。那么，三倍体、四倍体以至多倍体是否也能在大自然的"竞技场"里生存呢？当然可能，生物界在漫长的进化史中不断地改变着物种的染色体的倍数。使具有各种倍数的品种在竞争中生存，这就是生物界染色体的"倍比定律"。

染色体数目的改变主要包括：

单倍体：个体细胞中含一套染色体组；

多倍体：个体细胞中含 3 套或 3 套以上的染色体组；

非整倍体：多倍体中增加或减少一条染色体。

自然界中广泛存在着一些单倍体生物，它们的细胞内仅有一套染色体，与果蝇亲缘关系很近的白蝇、蜜蜂和黄蜂的雄虫就是单倍体；蚂蚁、虱子、蝉虫，它们的雄性个体也都是单倍体；蚜虫一到了夏季就好像脱衣服一样，除去了一半的染色体，成为单倍体；锥轮虫则遇到好吃的东西就变成单倍体，一饿起肚子来就统统成了二倍体了。植物中的单倍体也很普遍，藓类和苔类世代都是单倍体，人们甚至从小麦、水稻等植物的花粉中也可以培育成植株。这种植株有一个难得的好处，那就是它经过诱异变成二倍体后所有的基因都是极其"干净"的，同源染色体变成了真正的"姐妹"染色体了。

距今约 7500 万年，欧洲出现了单粒小麦，在遗传学上它是三倍体，它的染色体数是 14；公元前 5400 年又出现爱美尔小麦，在遗传学上是四倍体，其染色体数目是 28；及软粒小麦，在遗传学上是六倍体，其染色体数目是 42。软粒小麦就是我们现在常见的普通小麦。也就是说，我们常见的普通小麦是六倍体。

趣味点击　倍比定律

当甲、乙两种元素相互化合，能生成几种不同的化合物时，则在这些化合物中，与一定量甲元素相化合的乙元素的质量必互成简单的整数比，这一结论称为倍比定律。

生物界这种倍比系列还有许多。自然界中香蕉大多是无籽的，这是由于它是三倍体。由于是奇数多倍体，所以细胞在减数分裂时。总有一套失去配偶的染色体在捣乱，结果香蕉不能进行有性生殖，都是无籽的。野生山柳菊中有二倍体（$2n = 18$）和四倍体（$4n =$

36）。家菊经过多年栽培则变化更加多，染色体数目 $2n=18$、$4n=36$、$6n=54$、$8n=72$、$10n=90$。此外，茄子、桑树、甘蔗、莴笋、桔梗等有多种染色体数目的倍比系列。自然界的高等植物中几乎有 30% 是多倍体，都由这种"倍比定律"支配着。所有这些都说明了一个事实：生物界进化可能通过这种有规律的量变形成新的物种，由此增加生物体遗传物质的多样性。

那么是什么原因使生物有这种"倍比定律"呢？现在已经知道，放射线照射、高湿、低温、超声、嫁接、某些化学药物等，都可以引起多倍体，西红柿甚至在受伤的部位也可能出现多倍体，当然这是一个极端的例子。

生物体中多倍体的存在，使得人们可以利用这一点为人类造福。无子西瓜就是一例。人们在吃西瓜时总要不断地吐西瓜子，要没有西瓜子该有多好。人们利用这种三倍体不孕的道理培育出三倍体的西瓜，就是无子西瓜。

1927 年，遗传学家用杂交多倍体的方法创造了一个自然界没有的物种——萝卜甘蓝。这个人工合成的新品种，一半染色体是萝卜的，另一半是甘蓝的。它不仅用实验证明多倍体是起源于天然杂交，而且证明新种可以通过爆发的形式产生。从 20 世纪 40 年代末期起，人工获得的动物多倍体种也逐渐增多起来。

萝卜甘蓝

染色体数目的突变会给人类带来巨大危害。人们经常发现的是性染色体非整倍体突变。目前已发现了 Y 染色体缺失（XO）、X 染色体增加（XXX 或 YYY），这些患者往往先天低能，发育不良，性器官退化或废缺，丧失生育能力。

性别畸形的原因之一是由性染色体不分离引起的。若出现 X 染色体不分开现象，就会出现不正常的生殖细胞，即会造成下一代的性别畸形。据研究，染色体不分开现象和母亲的生育年龄有关，其几率20岁的母亲约为1/2000，30岁的母亲约为1/1000，40岁的母亲约为1/100，45岁以上的母亲约为1/50。男性生殖细胞的畸形更多一些，由于X和Y属于非同源染色体或者源区很小，减数分裂中期，仅以头尾相接方式配对，增加了不分开现象的出现。做好产前检查，预防性别畸形的出现，具有十分积极的意义。

知识小链接

减数分裂

　　减数分裂是生物细胞中染色体数目减半的分裂方式。性细胞分裂时，染色体只复制一次，细胞连续分裂两次，染色体数目减半的一种特殊分裂方式。减数分裂不仅是保证物种染色体数目稳定的机制，而且也是物种适应环境变化不断进化的机制。

➤ 染色体与男女性别的决定

　　性染色体决定雌、雄的类型，主要有4种：XY型、XO型、ZW型和ZO型。

　　绝大部分的哺乳动物，包括人在内，都是XY型，还有果蝇等也是XY型。这种类型，两个X染色体（XX）为雌性，一个X染色体和一个Y染色体（XY）为雄性。人们为什么叫它X染色体和Y染色体呢？是因为学者最初发现了一种特殊的染色体，对它不了

X染色体（长）和Y染色体（短）

解，用"X"来标记它（还用了其他几种名称），以后学者就用了"X染色体"这个名称来称谓性染色体，Y染色体与X染色体是一对相对染色体（同源染色体），Y是与X相对而应用起来的。

XO型，是XX为雌，一个X染色体为雄。

ZW型，和XY型正相反，即雌为XY、雄为XX。为了避免混淆，称为ZW型，即雄为二个Z染色体（ZZ），雌为一个Z染色体和一个W染色体（ZW）。ZO型和XO型相反，即雄为ZZ，雌只有一个Z染色体。

人类的性染色体

人的性染色体类型属XY型，女性为XX，男性为XY。所以从性染色体来说，女性产的卵只有一种，即每个卵都含一个X染色体，而男性产的精子则有2种，一种含X，一种含Y。精子与卵受精结合，是发育成男，还是女，完全取决于是哪种精子与卵受精，如果是含X染色体的精子与卵受精，则发育为女的。如果含Y染色体的精子与卵受精，则发育为男性。所以子女的性别是男是女，决定者在男方的精子，而不在女方。

性染色体是"性别证明书"。如果一个人的体细胞中含有一个或几个Y染色体，并有男性的表现型，那么不管他是否可以生育，仍被认为是男人。同样如果一个人的体细胞中含有一个或几个X染色体，只要不含有Y染色体，并有女性的表现型，那么不管她是否可以生育，仍被认为是女人。

即使在动物中，也可以用性染色体的比值来比较客观地反映动物的性别问题。

DNA

　　DNA是所有生物遗传的物质基础，直接决定生物体的遗传特征。让我们从遗传学的历史、DNA的分子结构、DNA密码、重组DNA、人类基因组计划等来找寻DNA对人类的作用，诠释基因与DNA的丰富世界。

什么是 DNA

在生命的复制中，最重要的是 DNA。DNA 位于染色体上，而染色体只是 DNA 的载体。

在遗传中，真正的遗传信息是包含在 DNA 中的。所以，科学家们用一句话概括了 DNA 的重要性：DNA 是生物的遗传物质。之所以龙生龙，凤生凤，老鼠的儿子会打洞，都是由于各种生物的 DNA 所包含的信息各不相同。

即使是科学家用克隆技术来复制生命个体，其实质还是将亲代的 DNA 全部地、完整地、丝毫不差地转移到子代中去，从而来制造出一个同亲代一模一样的子代。

DNA 是什么？虽然早在 1869 年科学家就发现了 DNA，但 DNA 的组成、结构及其生物功能，长达 70 多年竟然无人知晓。

DNA 分子模型

1909 年，科学家发现酵母的核酸含有核糖。那么是否所有的核酸都会有核糖呢？为了解答这个问题，科学家又继续研究了 20 年之久。1910 年，科学家发现了动物细胞的核酸含有一种特殊的核糖——脱氧核糖。于是人们认为核糖是植物

趣味点击　核糖

核糖是自然界中最重要的一种戊糖，主要以 D 型形式存在，是核糖核酸（RNA）的主要组成部分，并出现在许多核苷和核苷酸以及其衍生物中。

细胞所具有的，脱氧核糖是动物细胞所具有的，因此，这就是植物和动物核酸的区别了。

直到 1938 年，人们才纠正了这一错误的看法。人们认识到酵母中对酸比较稳定的核酸是核糖核酸（简称 RNA），在胸腺细胞中抽提纯化出来的对酸不稳定的核酸是脱氧核糖核酸（DNA）；所有的动植物的细胞中都含有上述 2 大类核酸。过去之所以能观察到酵母和胸腺细胞核酸的显著区别，是由于它们恰恰分别含 RNA 和 DNA 特别多的原因。以后人们还认识到 RNA 和 DNA 不单在核糖上有上述区别，而且在碱基组成上也有区别，RNA 含尿嘧啶；DNA 含胸腺嘧啶，这是两者所特有的性质。

▶ DNA 的结构与组成

1948 年，美国生物化学家查加夫开展了一系列有关核酸化学结构的分析研究工作。他发现了 DNA 的 4 种碱基腺嘌呤（A）、鸟嘌呤（G）、胞嘧啶（C）和胸腺嘧啶（T）中，腺嘌呤（A）和胸腺嘧啶（T）的比例是一致的，而鸟嘌呤（G）和胞嘧啶（C）的比例是一样的。这一研究成果的意义是十分重大的，它直接为 DNA 双螺旋结构中碱基配对的原则奠定了化学基础。

人类遗传信息贮存在 DNA 分子里

以后人们对查加夫的研究做了大量普查工作。结果发现，从最低等的病毒、细菌到真菌藻类，以至高等动植物中所提取的 DNA 都符合这种比例。

虽然到 20 世纪 50 年代初，人们对核酸的化学结构已经有了相当丰富的

复杂的 DNA

知识，但是对它的空间结构 DNA 知道得还不多，因此对于核酸怎样实现它的遗传职能，从结构上说明还有困难。这是个亟须解决的问题。后来，经过科学家的努力，终于找到了解决 DNA 分子空间结构之谜的一个关键性的技术手段，这就是 X 射线晶体学对生物大分子的成功应用。我们知道，早在 1921 年，英国晶体学家布拉格父子，就开始了通过 X 射线投射晶体所产生的衍射图案的分析来确定分子结构的工作。最初是分析像氯化钠那样的简单盐类，以后逐渐发展到比较复杂的有机分子。

基本小知识

氯 化 钠

氯化钠，无色立方结晶或白色结晶。溶于水、甘油，微溶于乙醇、液氨，不溶于盐酸。在空气中微有潮解性。用于制造纯碱和烧碱及其他化工产品，矿石冶炼。食品工业和渔业用于盐腌，还可用作调味料的原料和精制食盐。

1938 年，欧洲科学家阿斯伯里发表了一张 DNA 的 X 射线衍射照片，指出 DNA 是一个具有较强刚性的纤维结构，间隔周期为 3.3×10^{-10} 米。

第一个提出 DNA 是螺旋结构的是在贝尔纳实验室学习的挪威人福尔伯格。他在 1949 年的博士论文中提出了 DNA 的两种螺旋的构形。遗憾的是，这一重要发现没有引起遗传学家的注意。到了 20 世纪 50 年代初期，有 3 个小组展开了研究 DNA 的空间结构的竞赛。

英国物理学家威尔金斯小组取得一项重要的技术上的进展。他们设法制成了高度定向的 DNA 纤维，从而使拍摄到的 X 射线衍射照片轮廓清晰，细致入微，并且从照片上确认 DNA 纤维的结构是螺旋形的。威尔金斯在第二次世界大战以前主要研究晶体的荧光现象以及电子运动。第二次世界大战期间他参加了曼哈顿计划，为研制原子弹而工作。战后，威尔金斯投身于基因的研究。一位女物理化学家富兰克林参加了威尔金斯的研究小组。富兰克林在 X 射线结晶学上有特殊的才能，她的到来使研究小组的实力大大加强。1951 年，富兰克林系统地测定了 DNA 在不同温度时对 X 射线衍射图谱的

DNA 螺旋结构

影响，并获得了一张非常出色的照片。但是富兰克林并未能由此而引出正确的结论。

DNA 分子聚集

美国生物学家沃森和英国生物化学家克里克合作组成一个小组。沃森和克里克的合作可谓出师不利。他们提出了一个 3 链的 DNA 模型，其重复周期为 28×10^{-10} 米，错误很明显，甚至计算上也有失误，但他们却急匆匆地召集了一大批同行来参观这个模型，结果是当众出丑。不过，他们并没有灰心，他们虽然被迫从形式上离开了 DNA 模型这一合作课题，但是，仍然继续积极搜集有关的资料。他们完全明白这次失败的主要原因是没有详尽地研究资料。

后来，沃森和克里克利用了威尔金斯所提供的照片和查加夫的有关

DNA 中四种碱基含量的新数据，并且结合他们自己的创造性工作，终于在 1953 年提出了 DNA 分子双螺旋结构模型。1953 年 4 月，英国的《自然》科学杂志发表了沃森和克里克的 DNA 双螺旋模型。这个模型立刻得到全世界生物学家的认同。沃森—克里克模型一经公布立即震惊了世界各国的科学界。

DNA 双螺旋模型以其提出者的名字又被称为沃森—克里克模型，整个模型活像一个向右螺旋上升的楼梯，梯子两边的"扶手"是由磷酸和脱氧核糖相间连接而成的，中间的"踏脚"是分别连在两边脱氧核糖分子上的两个碱基，碱基之间通过一种弱的化学键——氢键相互连接。DNA 的分子量巨大，一般在 $10^6 \sim 10^9$ 之间，或比这更大。它由千千万万个核苷酸连接而成，包括四种核苷酸，每种核苷酸又由碱基、五碳糖、磷酸组成。这样 DNA 实际上由两条多核苷酸单链所组成。这两条单链原子的排列方向互相颠倒，方向相反，但它们仍平行地围绕一条公共的轴旋转。螺距为 34×10^{-10} 米，相邻两个碱基的距离为 3.4×10^{-10} 米，内侧碱基与螺旋的轴是垂直的，外侧的核糖和磷酸则是与轴平行的，整个螺旋的直径为 20×10^{-10} 米。

人们现在已经认识到，DNA 本身存在着复杂的空间结构。用放大倍数达 10 万倍的电子显微镜，也不能显现出分子的结构。电子显微镜至多会显示出大分子的形状，而原子间的间距是几十亿分之一米的数量级，超出了目前科学家手上所拥有的最好的电子显微镜的分辨力。对于简单的化合物，测定化学结构和原子排列的任务是不太困难的：只要测定一系列组成原子、分子量和存在的特别功能的反应基团，一般就会分辨出这种结构。然而，对大分子，化学的分析并不能产生出整个的结构图像。像蛋白质和核酸这类聚合体中，重要的问题不仅是聚合物链中分子的排列，而且是这些链在空间的排列。这些链以特殊的形式折叠和连接起来，致使一条链的不同部分或不同链的不同部分归拢在一起和连接起来，造就了分子的最终形状。引起折叠的化学键很弱，致使链的局部可以展开，改变整个结构。因此，这些巨大的分子不是刚体，而是有点塑性的、可挠曲的固体，需要时可随时展开或关闭。

拓展阅读

核 酸

核酸是由许多核苷酸聚合成的生物大分子化合物，为生命的最基本物质之一。核酸广泛存在于所有动物、植物细胞、微生物体内、生物体内核酸常与蛋白质结合形成核蛋白。

这两位分子遗传学的奠基人还根据整个结构做出了大胆的推论：由于磷酸和核糖是简单地相间排列，所以 DNA 所具有的"奇妙的"遗传信息就只能存在于两条多核苷酸的碱基排列顺序上。另一方面，他们考虑了查加夫的意见，认为从碱基分子大小和整个双螺旋的热力学稳定性来看，只存在下列碱基配对的可能性：

$$A = T \qquad C = G$$

A 只能和 T 配对，C 只能和 G 配对，也叫作碱基的互补。但其他的排列顺序和比数都是不固定的，因此碱基的基本排列方式有以下 4 种：A－T、T－A、C－G、G－C。

其他的配对方式不是使双螺旋的直径小于 20×10^{-10} 米就是大于 20×10^{-10} 米，都与 X 射线衍射的数据不符。

至此，沃森和克里克得到了一条分子遗传学以至分子生物学的重要法则即碱基互补法则。根据这条法则就不难理解，DNA 的 2 条单链都含有一套遗传信息，因为只要决定了一条单链的碱基排列顺序，另一条按照碱基互补规律就可以"复制"出来了，这实际上已解决了 DNA 如何控制生物信息的遗传的问题。因为 A－T，之后还可以是 A－T、T－A、C－G，之后还可以是 C－G、G－C 等，如果有 4 级 4 种不同的碱基，它们的可能排列就有 $4^4 = 256$ 种。如果有 100 对核苷酸随机排列，可能就有 4100 种排列方式，有人估算这个数字比太阳系中的原子数目还要大。事实上，一个 DNA 分子的核苷酸不止

100 对，据估算可有 4000 到 40 亿对。这样看来，DNA 这种遗传物质，对说明生物的多样性，对贮存和传递巨大数量的遗传信息是完全能胜任的。如果联想到拍电报的电码符号只有 "–" 和 "." 两种，但可以通过不同的排列而表达任何内容，对这个问题就不难理解了。

知识小链接

核苷酸

核苷酸是一类由嘌呤碱或嘧啶碱、核糖或脱氧核糖以及磷酸三种物质组成的化合物。又称核甙酸。戊糖与有机碱合成核苷，核苷与磷酸合成核苷酸，4 种核苷酸组成核酸。核苷酸主要参与构成核酸，许多单核苷酸也具有多种重要的生物学功能。例如，与能量代谢有关的三磷酸腺苷、脱氢辅酶等。

◆ DNA 的功能

DNA 分子上的各个功能片段，以碱基排列顺序的方式，储存着生物体内所有的遗传信息。DNA 的主要功能是作为复制和转录的模板。

1. 复制功能。复制是指遗传信息从亲代 DNA 传递到子代 DNA 的过程。也就是以亲代 DNA 为模板，按照碱基配对的原则（A – T、C – G 配对）进行子代 DNA 合成的过程。通过一次 DNA 的合成，DNA 分子由一个分子变成了两个分子；而这两个子代 DNA 分子中包含的遗传信息与亲代 DNA 分子所携带的遗传信息完全一样，体现了亲代与子代 DNA 序列的一致性，即遗传过程的相对保守性。通过 DNA 的复制，人体的遗传信息可以一代一代地传下去，保持人类的延续性。

2. 转录功能。转录是指以 DNA 为模板，按照碱基配对的原则（A – U、T – A：C – G 配对）合成 RNA 的过程。通过转录，DNA 分子中的碱基序列转录成 RNA 中的碱基序列。转录生成的 3 种主要 RNA（mRNA、tRNA 和 rRNA）均与蛋白质的合成有密切关系，而蛋白质是各种生命活动的基础。因此，DNA 分子上包含的遗传信息是决定蛋白质中氨基酸序列的原始模板，它在生命活动中起决定性作用。

➤ RNA 的功能

DNA 是遗传信息的携带者，而遗传信息通常由蛋白质来体现。但 DNA 不是合成蛋白质的直接模板，mRNA 才是指导蛋白质合成的直接模板。人体中的 RNA 的种类有多种，其功能也不同。

分　类	细胞核和细胞质	线粒体	功　能
信使 RNA	mRNA	mt mRNA	蛋白质合成的直接模板
核蛋白体 RNA	rRNA	mt rRNA	与蛋白质结合组成核蛋白体，作为蛋白质合成的场所
转运 RNA	tRNA	mt tRNA	转运氨基酸到核蛋白体上
不均一核 RNA	hnRNA		加工为成熟 mRNA
小核 RNA	snRNA		参与 hnRNA 的加工和转运

➤ DNA 测序

人类基因组计划的一个主要任务是要测定人类基因组中 DNA 的核苷酸的排列顺序。由于遗传信息是以密码的形式体现在 DNA 的排列顺序之中，所以首先要了解和测定 DNA 的核苷酸排列顺序。因此，DNA 测序便成了探索基因奥秘的重要手段之一。

最初，测定 DNA 的核苷酸序列是非常困难的事情，一是 DNA 分子十分

DNA测序流程图

巨大，提取过程中容易断开，不易得到完整的 DNA 分子；另外，即使得到不损坏的 DNA 分子，由于含有核苷酸太多，分析起来也十分困难；再有，过去没有找到特异地切开 DNA 链的内切酶。所以人们迟迟没有找到测序的有效方法。直到 20 世纪 70 年代，发现了限制性内切酶以后，再加上采用同位素标记、放射自显影和凝胶电泳新技术，才出现测序方法的革新。正是在这方面，因为英国分子生物学家桑格与美国科学家马克希姆和吉尔布特的卓越贡献，他们获得了 1980 年诺贝尔医学奖。

我们知道，DNA 分子特别长，不便于对整个分子进行分析，因此，先用内切酶把它切成一段一段的，然后对 DNA 的小片段进行分析，最后再按重叠片段一个个连起来，得出整个 DNA 分子的核苷酸序列。例如，有一个 DNA 片段上面有 AATCGT 序列，另有一个 DNA 片段上面具有 TTGCAA 序列，还有一个 DNA 片段具有 GTTCAT 序列。这样根据重复序列，把 3 个 DNA 片段连接起来，就可以知道这个大的 DNA 分子具有 TTGCAATCGTTCAT 序列。这好比我们要了解一幢大楼的内部设施，不可能一个人同时调查一幢大楼，而要分层调查，先查一层设施，再查二层、三层和四层……最后汇总每层调查资料，便能查清这幢大楼的整体设施情况。DNA 测序也是这样，要采取分段测序，最后再绘出整个 DNA 序列图。

那么，怎么对一段 DNA 进行序列分析呢？

首先，让我们来了解一下 DNA 序列分析的原理和基本技术。目前，主要采用英国科学家桑格发明的"双脱氧核糖核酸末端终止法"进行测定。测序反应实际上就是一个在 DNA 聚合酶作用下的 DNA 复制过程。具体方法是：以一条待测序的 DNA 单链为模板，在一个测序引物的牵引下，通过 DNA 聚合酶的作用，利用 DNA 的合成原料——4 种脱氧核糖核苷酸，使新合成的链不断延伸。但是，如果在合成原料中加

你知道吗

内切酶

内切酶，即限制性核酸内切酶。亦称限制性核酸酶。它是一种能催化多核苷酸的链断裂的酶，只对脱氧核糖核酸内一定碱基序列中某一定位置发生作用，并把这位置的链切开。通过内切酶可以把某一个遗传基因切下来，若再连在别的细胞的遗传基因上，便可使这个细胞具有新的遗传特性。内切酶的发现和采用，使基因工程成为可能。

入一些用 4 种不同荧光化合物（可发出红、绿、蓝、黑 4 种荧光）分别标记 4 种双脱氧核糖核苷酸，它们可以"鱼目混珠"地参与 DNA 链的合成，可是它们是缺少"零件"的"废物"，不能发挥正常核苷酸的作用。因此，当它们被结合到链上以后，它的后面便不能再结合其他核苷酸，链的延伸反应就此停止了。

这就像小孩儿们玩"手拉手"的游戏，有个别的孩子只能用一只手与前面的孩子手拉手，另一只手不能与后面的孩子手拉手，于是许多孩子手拉手组成的长队伍就中断了。这样，在 DNA 合成反应中，最终便会随机产生许多大小不等的末端是双脱氧核苷酸的 DNA 片段，这些片段之间大小相差一个碱基。然后，通过聚丙烯酰胺凝胶电泳，将相差一个碱基的各种大小不等的 DNA 片段分离开来，再根据电泳条带的不同荧光反应，就可以在凝胶上直接地读出这些有差异的代表其末端终止位置处碱基种类的片段，如红色荧光代

表 T、蓝色荧光代表 C、黑色荧光代表 G、绿色荧光代表 A，这样一系列的连续片段就代表了整个模板 DNA 的全部序列。这种方法已利用现代精密仪器和机器人技术实现了 DNA 测序的高度自动化。

目前，以凝胶分离为基础的测序技术，一次可以读出 500～700 个碱基序列。为了保证测出的序列具有高度的准确性，科学家们一般在 DNA 区域要反复测定 10 次左右。这样最终得到的序列错误率只有万分之一，即每一万个碱基只允许有一个碱基读错。人类基因组

趣味点击　电子显微镜

电子显微镜常用的有透射电镜和扫描电子显微镜。与光镜相比电镜用电子束代替了可见光，用电磁透镜代替了光学透镜并使用荧光屏将肉眼不可见电子束成像。

30 亿个碱基对需要反复测定 10 次，这就意味着测序的实际工作量是 300 亿个碱基对。可见，完成人类基因组的测序工作是多么艰巨的任务。

为了尽快完成人类和其他生物的测序任务，科学家们还发现了其他一些更为简便、迅速的测序方法，如杂交测序、质谱分析、毛细管电泳测序，甚至可以用电子显微镜来直接观察序列。采用新方法大大加快了基因序列的测序速度。

DNA 与遗传的关系

遗传学家其实早就怀疑 DNA 具有遗传物质的功能。1924 年，生物学家弗尔根发现了细胞核中染色体的染色方法，发现大多数动植物细胞中几乎所有的核里，尤其是染色体上都有 DNA 存在。以后又证明了 DNA 是染色体的主要组成部分。当时基因已经被证明在染色体上，并且获得了遗传学界比较广泛的承认。这些都是非常有力的证据。

1948 年，生物学家万德尔、米尔斯基和赖斯等相继发现，在同一种生物

体的不同组织的细胞里，每个单体染色体组的 DNA 的含量是个常量，并且发现 DNA 有倍数变化。例如，他们查明在黄牛的肝细胞里 DNA 的含量是 6.5×10^{-9} 毫克，而它的精子细胞里的 DNA 含量只有 3.4×10^{-9} 毫克，恰好是体细胞的 DNA 含量的二分之一，这同染色体在细胞里的存在形式是完全一致的。

这无疑是 DNA 作为遗传物质的重要证据。

随着细胞学染色技术的发展和核酸酶的运用，人类弄清了两种核酸在细胞中的分布。瑞典细胞化学家卡斯佩尔森用脱氧核糖核酸酶分解 DNA 的方法，证明 DNA 只存在于细胞核中，RNA 主要分布在细胞质里，但核仁里也有RNA。1948 年，又有人发现染色体中有少量 RNA，细胞质中也有 DNA。20 世纪 40 年代把染色体从生物细胞中分离出来，直接分析其化学成分，确定 DNA 是构成染色体的重要物质。还发现同种生物的不同细胞中 DNA 的质和量是恒定的，并且在性细胞中，DNA 的含量正好是体细胞中含量的二分之一。用紫外线进行引变处理，在波长 2600 埃处效果最大，因为这个波长正是 DNA 的吸收峰。这些都成为 DNA 是遗传物质的间接证据。

知识小链接

紫外线

紫外线是电磁波谱中波长从 10nm 到 400nm 辐射的总称，不能引起人们的视觉。1801 年德国物理学家里特发现在日光光谱的紫端外侧一段能够使含有溴化银的照相底片感光，因而发现了紫外线的存在。

证实 DNA 是遗传物质的试验整整进行了 16 年，并经过几位科学家的不断重复和验证。这是遗传学史上最长的一个"马拉松"试验。1928 年，英国的科学家格里菲思做了转化实验。格里菲思采用的试验材料是肺炎双球菌，这是一种引起人类肺炎的病菌，它也可以使老鼠发病。如果把感染了肺炎双球菌的病人的痰注射到老鼠体内，24 小时内老鼠就会死亡。用显微镜检查死鼠的心脏，可以观察到大量的肺炎双球菌。这种病原菌体呈成对球状。仔细看，它外面包裹着一层很厚的透明的"衣服"，这叫荚膜，细菌就靠这层荚膜抵挡被感染动物的细胞对它的抵抗，所以这些荚膜几乎成为肺炎双球菌毒性的象征了。

当人工培养肺炎双球菌时，它能在培养基上形成菌落（即克隆）。由于菌落周围比较光滑，因而人们把这种类型的菌叫作光滑型，记为 S 型。培养 S 型肺炎双球菌可以得到一种新的无毒性突变型 R 型肺炎双球菌，它之所以无毒就是因为它没有荚膜，因而这种 R 型肺炎双球菌不能抵抗生物体细胞对它的抵抗。所以将这种 R 型肺炎双球菌注射到老鼠身体中，按理老鼠应该健康无恙。

可是格里菲思却发现了例外情况：他将一个正常的能致病的 S 型肺炎双球菌的样品加热杀死，然后与一个不致病的 R 型肺炎双球菌样品混合，注射至老鼠体内。结果他惊奇地发现老鼠死了。他把这些莫明其妙死亡的老鼠的心脏中所存在的细菌加以分离和检查，发现它们竟然都是 S 型肺炎双球菌。为什么 S 型肺炎双球菌"死而复活"了？而在此之前，格里菲思用 R 型肺炎双球菌样品和加热处理的 S 型肺炎双球菌样品分别注射的两组老鼠都没有死，这说明加热处理的 S 型肺炎双球菌确实已经被杀死了。

格里菲思一遍又一遍地重复上述试验，结果却是老鼠一批一批地死亡。最后，他只能下结论：老鼠之所以成批地"死亡"，实验中的 S 型细菌之所以会"死里逃生"，是由于加热杀死的 S 型肺炎双球菌使那些无毒的活着的 R 型肺炎双球菌转化为 S 型肺炎双球菌了。

这说明了一个什么问题呢？这说明在被加热杀死的 S 型肺炎双球菌中存在一种物质，这种物质很明显是一种遗传物质，它可以将 R 型的无毒的肺炎双球菌转化为有毒的 S 型肺炎双球菌。而这个实验的结果太出乎人们意料了，所以成为遗传学家们注意的焦点。于是许多生物学家前赴后继，继续重复格里菲思的试验。

1931 年后，人们证实，造成老鼠死亡确实是由于 S 型肺炎双球菌"死而复活"，因为只要把活的 R 型肺炎双球菌及加热杀死的 S 型肺炎双球菌混合，放在三角瓶里振荡培养，无毒的 R 型肺炎双球菌也可以变成有毒的 S 型肺炎双球菌。又过了两年，生物学家又证实：把 S 型肺炎双球菌的细胞弄破，用由此而获得的提取液加到生长着的 S 型肺炎双球菌里，也能产生这种 R→S 的转化作用。

1944 年，艾弗里等三位科学家才阐明了转化因子的化学本质。

从格里菲思的试验中我们知道，在被加热杀死的 S 型肺炎双球菌中一定有一种物质使 R 型肺炎双球菌转化为 S 型肺炎双球菌。所以艾弗里认为，问题的关键是要把这种物质找出来，于是他们就对被加热杀死的 S 型肺炎双球菌的提取液的所有成分进行了彻底清查。他们用一系列化学和酶催化的方法把各种蛋白质、类脂和多糖从提取液中除去，发现这并不会十分严重地降低 S 型肺炎双球菌和它的转化能力。这样一来，对转化因子的包围圈就大大缩小了。最后在对提取液进行一系列纯化后，三人得出结论：转化因子是脱氧核糖核酸（DNA）。

艾弗里是怎样得出这个结论的呢？第一，只要把 S 型肺炎双球菌提取液的纯化的 DNA，用只有致死剂量的六亿分之一的剂量加到 S 型肺炎双球菌的培养物中，就有产生 R→S 转化的能力；第二，这种"超效"转化因子对专门水解 DNA 的酶非常敏感，一碰上这种酶其转化功能就立即丧失殆尽；第三，R 型肺炎双球菌被转化成 S 型肺炎双球菌后，按照和 S 型肺炎双球菌一样的方法抽提它的 DNA，仍然具有使 R→S 的再次转化的能力；第四，不论是初次转化或是再次转化所产生的 S 型肺炎双球菌，它所具有的荚膜与 S 型肺炎双球菌的荚膜相比，两者的生物化学特性完全一样。

这个结论对于生物学来说，具有什么重大意义呢？三人得到了如下结论：S 型肺炎双球菌 DNA 使 S 型肺炎双球菌永久地具有了产生荚膜的特性，并且这些 DNA 还能在 S 型肺炎双球菌中复制，成为再次转化的根源。也就是说，只有 DNA 才是遗传信息的载体。

基本小知识

载 体

载体是能载带微量物质共同参与某种化学或物理过程的常量物质，在基因工程重组 DNA 技术中将 DNA 片段（目的基因）转移至受体细胞的一种能自我复制的 DNA 分子。三种最常用的载体是细菌质粒、噬菌体和动植物病毒。

DNA 指纹探秘

提起指纹,我们并不陌生。每一个人在手指上和掌心中都有指纹和掌纹。指纹显示着每个人的特征,世界上没有两个人的指纹完全相同,甚至双胞胎也不例外。所以,指纹作为一个人的特征,使它成为身份的证明,广泛用于代替文件签章,成为了真正的"防伪标志"。据说,我国从唐代开始就以指纹用于鉴别人的标志,以后广泛应用于借据、契约、婚约、休书等文书,以"画押"的形式作为个人的凭证。甚至在审判案件时,也要犯人在口供上按手印。

DNA 指纹鉴定

利用 DNA 指纹破案

DNA 指纹,也叫基因指纹,和手指的指纹一样,它也是一个人的"身份证"。因为除了同卵双胞胎,世界上几乎不存在两个人的 DNA 完全相同,每个人都有一部自己独一无二的"天书"。因此,DNA 指纹图谱,也就是 DNA 序列图谱可以作为鉴别不同人的科学依据。如今在科技和社会领域里,DNA 指纹鉴定可用于亲子鉴定、犯罪认定、疾病检查、遗传病诊断、血液配型以及人类学研究等诸多范围。

当然，由于 DNA 序列比较长，在实际应用中，不可能也没有必要把全部序列都测出来。科学家们运用现代生物技术，创造了好几种可靠而又简便易行的 DNA 指纹法，如小卫星法、随机扩增多态法、微卫星法和 DNA 测序法等，人们可以针对不同的需要采用不同的方法来实施。

在法医鉴定中，指纹鉴定一直是探案、破案的有力手段。

趣味点击　DNA 指纹

DNA 指纹指具有完全个体特异的多态性，其个体识别能力足以与手指指纹相媲美，因而得名。它可以用来进行个人识别及亲权鉴定，并同人体核 DNA 的酶切片段杂交，获得了由多个位点上的等位基因组成的长度不等的杂交带图纹，这种图纹极少有两个人完全相同，故称为"DNA 指纹"。

但有些场合犯罪分子可能未留下任何指纹，或有些物品上的指纹难以取样，而且一些犯罪老手往往在作案时小心地避免留下指纹，这些都使利用指纹鉴定判案、断案显得无能为力。DNA 指纹鉴定不但能够克服这些困难，而且还具有其他许多优越性。

由于人体每一个细胞都携带了这个人的全部遗传信息，只要案发现场留下犯罪嫌疑人的血迹、精斑、毛发和其他人体组织，都可以用 DNA 指纹法进行分析鉴定，直接认定或否定犯罪嫌疑人。美国有一部电影《逃亡者》，讲的是一个医生被认为谋杀了怀孕妻子的故事。这是一个真实的故事。真正的主人公曾于 1954 年蒙冤坐牢，10 年后才被证明无罪而释放，这起事件轰动了美国。医生的儿子当时只有 7 岁，那天正在熟睡。后来这位儿子发誓找出真凶。终于，在案发现场取到了一点血样。经过法医用 DNA 指纹进行鉴定，这点血样不是医生和他的妻子的，这说明，当时一定还有另一个人在场，而且血样与精子中的 DNA 相配，这个人很可能是真正的凶手。警察展开了广泛的 DNA 检查，发现它与在医生家洗窗户的男子的 DNA 相配，无疑，真正的凶手终于落网了。

法医 DNA，不仅能奇迹般地侦破案件，还能帮人解决一些难以想象的问题。

在阿根廷内战期间，许多孩子失去了父母。战争结束后，政府希望把这些孤儿交付他们的亲戚，让他们回到亲人的怀抱里。可是，怎么使没见过面的亲戚们相信孩子是自己的侄儿或外孙呢？这时，一位女科学家提议采取用 DNA 指纹鉴定。她从每个孩子的血液中提取线粒体 DNA，再与可能是他们的亲戚的 DNA 相比较。用这种方法，这位科学家至少帮助 50 多个孩子找到了亲人。

由于 DNA 指纹技术有重大的应用价值，人们越来越重视它的作用。英国宣布：将正式启用国家 DNA 数据库，以提高警方破案率。英国的国家 DNA 数据库，曾收入 500 万人的 DNA 信息。从记录在案的罪犯和一些嫌疑犯身上采集其 DNA 样本。英国警方的目标是逐步在所有案件侦破中引入 DNA 指纹鉴定技术。他们认为，DNA 数据库的启用，将是指纹破案技术发明以来，反犯罪工作领域最激动人心的一项突破。消息一传出，世界上许多国家都相继建立了 DNA 数据库。其中包括我国。

基因与生命遗传

　　随着科技的发展，人类在遗传和基因方面的研究越来越深入：如何创造没有 DNA 的生命，人为什么能成为人，谁决定了人的智力，怎样破译癌症密码，如何修复基因缺陷……这些以前想都没有想过的问题现在成为人类研究的重点。

遗传的分离定律

生物学家孟德尔从1857年起就开始在空地上，以豌豆作材料进行了许多杂交试验，经过8年的努力工作，从他的实验结果分析中发现了分离定律和自由组合定律。

我们知道，豌豆是一种很容易栽培、生长期短的自花授粉的植物。豌豆有许多

分离定律示意图

自花授粉

自花授粉指一株植物的花粉，对同一个体的雌蕊进行受粉的现象。在两性花的植物中，又可分为同一花的雄蕊与雌蕊间进行授粉的同花授粉和在一个花序中不同花间进行授粉的邻花授粉，以及同株不同花间进行授粉的同株异花授粉。被子植物大多为异花授粉，少数为自花授粉。高粱就是以自花授粉为主。

不同的品种。在这些品种中，有高茎的和矮茎的，有开红花的，也有开白花的，种子有黄的和绿的，种皮有圆滑的和皱缩的，等等。孟德尔首先选择具有一对相对性状的豌豆进行杂交试验。例如，他把纯的高茎豌豆和纯的矮茎豌豆作为亲本进行杂交，得到的杂种一代（F_1）全部是高茎的，只表现一个亲本的性状。通常把这个在F_1中表现出来的性状，叫作显性性状，没有表现出

来的性状，叫作隐性性状。当用 F_1 自交时，得到的杂种二代（F_2）就不是只有高茎的性状，而是高茎和矮茎的性状都得到表现，不过矮茎的数目要少一些，高茎和矮茎的比例是 3:1。

为什么会出现这种现象？孟德尔作了科学的分析，他认为 F_2 不同类型的数目，是由于两种花粉细胞，对两种卵细胞随机受精的结果，从而推断出生物的性状是由某种遗传因子所控制的。比如说，豌豆的高茎和矮茎分别是由一对遗传因子决定的，高茎的遗传因子用 DD 表示，矮茎的用 dd 表示。在 F_1 中表现出来的叫显性因子（如 DD），没有表现出来的叫隐性因子。因此，当用 F_1 自交时必然会发生分离纯合子表现为显性性状或隐性性状，而杂合子则均表现为显性状，所以得到显性和隐性的 3:1 的比例。例如，含有 D 和 d 的杂种一代在产生配子时，D 和 d 的数目是相等的，而各种不同的配子在结合时又有着同等的机会，所以在 F_2 中表现为 DD（1）:Dd（2）:dd（1）或高:矮 = 3:1 的规律。

这种解释是否正确，孟德尔用杂种子一代跟亲本回交的方法作了进一步的验证。他让子一代的杂合高茎（Dd）豌豆与纯合显性亲本（DD）或纯合隐性亲本（dd）交配。按照上述分离假设，杂合子一代（Dd）必定产生 D 和 d 两种配子，而纯合亲本（DD 或 dd）只产生 D 或 d 一种配子。因此，让杂合一代跟纯合显性亲本交配，后代必定都是高茎豌豆，没有矮茎豌豆；如果让杂合一代跟纯合隐性亲本交配，其后代必定是高茎豌豆和矮茎豌豆各半。

实验的结果跟预期的完全一致，证明分离假设是正确的。后来，人们发现很多生物性状的遗传都符合孟德尔的遗传因子杂交分离假设，因此就把孟德尔发现的一对遗传因子在杂合状态下并不相互影响，而在配子形成时又按原样分离到配子中去的规律，叫分离定律。

趣味点击　遗传因子

遗传因子即决定生物体性状的内在原因。具体地说，就是生物体表现出来的性质和形状，比如大小、高矮、颜色等。"性状"是人们感觉到的表面现象，它们的重复出现具有某种内在的原因。

分离定律告诉我们：第一，个体上的种种性状是由基因决定的；第二，基因在体细胞中成双存在，在生殖细胞中则是成单的；第三，基因由于强弱不同，有显性和隐性现象，F_2 显性和隐性的比率是 $3:1$；第四，遗传性状和遗传基础是有联系又有区别的，遗传性状指的是个体所有可见性状的总和。遗传学上叫作表现型，而遗传基础则是指个体所有的遗传内容的总和，遗传学上叫作基因型。不同的基因型有不同的表现型，也可以有相同的表现型。例如：DD 的表现为高茎，dd 的表现为矮茎；而 DD 和 Dd 则均表现为高茎。DD 和 Dd 虽然表现型是相同的，但它们的基因型是不同的。因此，它们在性状遗传上是有差别的。DD 的后代总是高茎，而 Dd 的后代则有分离。

分离定律对于我们掌握育种工作的主动权是很有帮助的。比方说，根据分离定律，F_1 往往表现一致，从 F_2 开始会有连续几代的性状分离。因此，在动植物的杂交育种工作中，我们应从 F_2 就要进行选择；同时，采取连续自交的方法，继续繁殖并观察后代的表现，以鉴定所选择的类型在遗传上是否稳定。

知识小链接

自 交

自交指来自同一个体的雌雄配子的结合或具有相同基因型个体间的交配或来自同一无性繁殖系的个体间的交配。

此外，分离定律还能帮助我们弄明白近亲繁殖不好的道理。分离定律告诉我们，儿女的基因一半来自父方，一半来自母方，因此父母与亲生儿女之间有二分之一的基因是相同的，依此类推，同胞兄妹之间有四分之一的基因是相同的……就是说，近亲在遗传学上来说，意味着他们有很多基因是相同的。因为这个缘故，近亲结婚致病基因结合的机会比非近亲结婚大得多，从而使隐性遗传病的发生率增高。据估计，正常人身上每人都带有五六种隐性病基因，由于是杂合的，被等位的正常显性基因所掩盖，并不表现病态。在群体中，你带有这五六种隐性致病基因，他带有五六种隐性致病基因，不容易造成同一种隐性致病基因相遇（纯合）。在近亲之间，由于有许多基因是相同的，这就容易导致后代出现隐性遗传病患者。所以，我国的婚姻法规定"三代以内的旁系血亲"禁止结婚就是这个道理。

▶ 遗传的自由组合定律

分离定律所解释的是一对相对性状在生物遗传过程中的作用和表现。那么两对相对性状在生物遗传过程中又是如何作用的呢？它们之间会不会相互干扰？生物杂交后这两对性状是如何表现的？如果有三对性状或更多的呢？这就是遗传学第二定律要解决的问题，这个定律又被称为自由组合定律或者孟德尔第二定律。

广角镜

自由组合定律

自由组合规律是现代生物遗传学三大基本定律之一。当具有两对（或更多对）相对性状的亲本进行杂交，在子一代产生配子时，在等位基因分离的同时，非同源染色体上的基因表现为自由组合。其实质是非等位基因自由组合，即一对染色体上的等位基因与另一对染色体上的等位基因的分离或组合是彼此间互不干扰的，各自独立地分配到配子中去。因此也称为独立分配律。

一对相对性状的遗传符合分离定律，那么孟德尔紧接着就想到，两对或更多对相对性状的杂交是否也可以用分离定律来解释呢？

于是孟德尔做了一些试验来验证他的这个想法。他选择了这样两个豌豆亲本进行杂交：

一个是双显性亲本：种子是圆粒的，黄色的；一个是双隐性亲本：种子是皱粒的，绿色的。

其中豌豆种子圆粒（用大写字母 R 来表示）相对于皱粒（用小写字母 r 来表示）来说为显性相对于绿色（用小写字母 y 来表示）来说是显性，豌豆种子黄色（用大写字母 Y 来表示）性，豌豆种子黄色（用大写字母 Y 来表示）来说是显性。

　　孟德尔用黄色、圆粒种子的豌豆，与绿色、皱粒种子的豌豆杂交，得到子一代 F_1 种子，F_1 种子都是黄色、圆粒的，把 F_1 种子种下去长成植株、再进行自交，所得到的 F_2 种子出现了四种类型，其中两种类型与亲本相同，两种为双亲性状重组的新类型，这四种类型表现出一定的比例。其比例为9（黄圆）∶3（绿圆）∶3（黄皱）∶1（绿皱）。

　　一方面，从一对性状中所得到的分离定律，在这里仍然得到了验证。每一对相对性状的分离比例都为3∶1，说明在杂交后代中，各相对性状的分离是独立的、互不干扰的。也就是说，种子颜色的分离和种子形状的分离彼此互不影响。

　　但另一方面，这里子二代 F_2 出现了圆粒黄色、圆粒绿色、皱粒黄色、皱粒绿色四种子代，并且还有一个9∶3∶3∶1的比例。

　　孟德尔设想：豌豆的种子，黄色与绿色这一对相对性状是由一对遗传因子 Y 和 y 控制的；豌豆的粒形，圆粒与皱粒这一对相对性状是由另一对遗传因子 R 和 r 控制的。如果一个亲本是黄色圆粒豌豆（YYRR），按照分离定律它只能产生一种配子 YR，另外一个亲本是绿色皱粒豌豆（yyrr），也只能产生一种配子 yr。两个亲本杂交，受精时雌雄配子结合，其子一代 F_1 种子的基因型为 YyRr，表现为黄色圆粒。

知识小链接

相对性状

　　相对性状在不同个体身上相对应地表现出不相同特征的单位性状。它由一对等位基因所决定并有明显差异的性状。如豌豆的形状呈圆形或皱缩。

　　F_1 植株在产生配子时，成对的遗传因子彼此分离，各自独立地分配到配子中去，从而使同对的遗传因子彼此分离，不同对的遗传因子自由组合，这个组合细化就是：

　　1. Y 可以跟 R 在一起形成 YR；

　　2. Y 也可以跟 r 在一起形成 Yr；

3. y 可以跟 R 在一起形成 yR；

4. y 也可以跟 r 在一起形成 yr；

因此产生四种配子 YR、Yr、yR、yr，这四种配子的比例是相等的。

雌雄配子结合在一起就会产生 16 种随机组合，产生的 F_2 种子有 9 种基因型，4 种表现型，其中黄圆占 9/16，黄皱占 3/16，绿圆占 3/16，绿皱占 1/16，从而表现为 9∶3∶3∶1 的比例。

由于存在着显性，不管基因型是 YYRR，还是 YyRr，只要有 Y 和 R，都只表现圆形黄粒的特性。所以，就获得了特有的 9∶3∶3∶1 的比例。

如果按照处理分离定律的数学思路，可以得出另外一个有趣的数学式子，联系到 9∶3∶3∶1 的比例，正是两对相对性状的比例 3∶1 的平方，即两个 3∶1（一个是种子黄色和绿色的子二代 F_2 的分离比例的 3∶1，另外一个是种子圆粒和皱粒的子二代 F_2 的分离比例 3∶1）的乘积。

用绿色、圆粒与黄色、皱粒种子的植株杂交，也能获得上述同样的性状分离和性状的自由组合现象。

为了验证上述解释是否符合科学事实，孟德尔仍然采用了测交的验证方法，即把子一代 F_1 与隐性亲本杂交，也就是说让子一代 F_1（YyRr）与双隐性亲本（yyrr）杂交。如果上述推理过程是正确的，当 F_1 形成配子时，不论雌配子或雄配子，都产生 4 种类型的配子，YR、Yr、yR、yr，且呈现 1∶1∶1∶1 的比例，而双隐性亲本只形成一种配子 yr。因此，测交所获得的后代的表现型和比例，能够反映 F_1 所产生配子的类型及其比例。结果应该如何呢？不难得出结论：其比例应该为 YyRr∶Yyrr∶yyRr∶yyrr = 1∶1∶1∶1。

孟德尔检验的实际结果和他的理论推断是完全一致的，测交

你知道吗

测 交

测交，定义为测定杂合个体的基因型而进行的未知基因型杂合个体与有关隐性纯合个体之间的交配。杂交产生的子一代个体再与其隐性（或双隐性）亲本的交配方式，用以测验子代个体基因型的一种回交。

后代 4 种类型呈 $1:1:1:1$ 的比例。

以上就是自由组合定律，它又称为孟德尔第二定律，或者是遗传学第二定律。自由组合定律的实质就是在杂种形成配子的过程中，不同对的遗传因子进行自由组合。如果两对相对性状的遗传符合自由组合规律，那么三对呢？四对或者更多对的性状遗传是否都符合自由组合规律？

回答是肯定的。虽然两对以上性状的遗传规律情况稍微复杂一些，但只要各对性状都是独立遗传的，就仍然受自由组合规律的支配。例如，以黄色种子、圆粒种子、红花豌豆植株（YYRRCC）与绿色种子、皱粒种子、白花植株（yyrrcc）杂交，其 F_1 全部为黄色圆粒种子、红花（YyRrCc）。F_2 产生 8 种配子 YRC、YRc、YrC、yRC、Yrc、yRc、yrC、yrcc。各种配子的比例是相等的，这样，雌配子和雄配子随机结合，F_2 的组合就会出现 27 种基因型、8 种表现型，各表现型的比例为 $27:9:9:9:3:3:3:1$。

自由组合规律广泛存在于生物界。就以可爱的小动物豚鼠来说，它的毛包括三对性状：短毛或者长毛，卷毛或者直毛，黑毛或者白毛。其中短毛、卷毛、黑毛相对于长毛、直毛、白毛各为显性，这三对相对性状都是独立遗传的。

如果我们对每对相对性状分别做杂交遗传实验，子二代 F_2 都各表现 $3:1$ 的比例。每两对相对性状做遗传性状遗传实验，其子二代 F_2 都表现 $9:3:3:1$ 的比例。将三对性状做遗传试验，在子二代 F_2 表现 $27:9:9:9:3:3:3:1$ 的比例。有人用短毛、直毛、黑毛豚鼠与长毛、卷毛、白毛豚鼠杂交，F_1 为短毛、卷毛、黑毛豚鼠，F_2 的类型及表现比例为 27 短卷黑：9 短直黑：9 长卷黑：9 短卷白：3 长卷白：3 长直黑：3 短直白：1 长直白。

◆ 遗传的连锁与互换规律

遗传的连锁与互换规律是 1906 年贝特森等在杂交实验中首先发现连锁遗传的现象后不久，摩尔根等在果蝇的遗传研究中证实和确定下来的。

　　贝特森和潘乃特在 1906 年用香豌豆的两对性状作杂交实验。这两对相对性状是：紫花（P）与红花（p），紫花为显性；长花粉粒（L）与圆花粉粒（l），长花粉粒为显性。

　　先用这样两个亲本进行杂交，一个亲本是紫花、长花粉粒。另一个亲本是红花、圆花粉粒。

　　从实验结果看，虽然 F_2 也出现 4 种类型，但表现的比例与自由组合时 9∶3∶3∶1 的比例相当悬殊，两个亲本组合（紫、长和红、圆）的实际个体数大于理论数值，而重新组合（紫、圆和红、长）的实际个体数又比理论数值少得多。这一结果不符合自由组合规律。

　　于是，他们又调换了性状，改用这样两个亲本进行了杂交，即用紫花、圆花粉粒的个体与红花、长花粉粒的个体杂交。

　　从实验结果看，和第一个实验基本相同，也是与自由组合 9∶3∶3∶1 的比例不符合。仍然是两个亲本组合（紫、圆和红、长）的实际个体数大于理论数值，而两个重新组合（紫、长和红、圆）的实际个体数大于理论数值，而两个重新组合（紫、长和红、圆）的实际个体数又少于理论数值。这也不符合自由组合规律。

　　上面这两个实验结果，有一个共同特点，就是亲本所具有的两个性状，在 F_2 中常常联系在一起而遗传，以后便把这种现象叫作连锁遗传。

　　贝特森发现的这种遗传现象，可以说是连锁遗传规律的序曲，1909 年摩尔根用果蝇做实验，首次发现了性连锁遗传规律。他根据白眼的性连锁遗传，第一次把基因安插在一个固定的染色体上，继而又揭示了基因的连锁与互换规律并确定了基因在染色体上作直线排列，在孟德尔揭示的分离规律和自由组合规律等基础上创立了基因学说，使遗传学形成了一套完整的经典的理论体系。

　　摩尔根发现了果蝇的白眼性连锁遗传（伴性遗传），第一次把控制白眼的基因定在果蝇的一个固定的染色体（X 染色体）上。以后，又继续用具有其他性状的果蝇，如黄色身体（黄身，正常果蝇的身体为灰色）、粗翅脉等性状，分别与白眼果蝇杂交，研究发现都表现出连锁遗传，但这些基因之间的互换率不同，从而又第一次用具体的实验数据证明了：凡是处在同一个染色体上的基因都表现连锁遗传，但各基因之间的互换率不同。这有力地说明了基因在染色体上各有其自己的固定位置，直线（线状）排列在染色体上。

P: 白眼♂ × 红眼♀

F₁: 红眼♀ × 红眼♂

F₂: 红眼♂ 白眼♂ 红眼♀ 红眼♀

果蝇白眼性状的遗传

现在用果蝇的杂交实验为例来说明。果蝇的灰身（B）对黑身（b）是显性，长翅（V）对残翅（v）是显性。这两对相对性状，是由处在同一对同源染色体上的两对等位基因控制的。如果让灰身、长翅果蝇与黑身、残翅果蝇杂交，其F₁都是灰身、长翅果蝇。

如果让F₁灰身、长翅雄果蝇与双隐性亲本黑身、残翅进行回交，回交子代只有两种和亲本一样的类型，即灰身、长翅和黑身、残翅，各占50%，比例为1:1。这与自由组合时，回交子代产生四种类型成1:1:1:1的比例完全不同。

如果让F₁灰身、长翅雌果蝇与双隐性亲本黑身、残翅进行回交，回交子代出现四种类型的果蝇：两种亲本类型（灰身、长翅和黑身、残翅各占41.5%，共占83%），两种重组的新类型（灰身、残翅和黑身、长翅各占8.5%，共占17%）。这也和自由组合时1:1:1:1的比例完全不同。

为什么会出现这样的结果呢？由于这两对等位基因处在一对同源染色体上，B和v在一条染色体上，b和V在另一条染色体上，它们常连在一起遗传，染色体到了哪里，它们也随之而到了哪里。F₁雄果蝇和F₁雌果蝇分别与双隐性亲本回交，所得结果不同，是由于F₁雄果蝇没有互换，所以只出现两种类型；F₁雌果有互换，就是在一部分染色体上的基因之间发生了相互交换，形成了两种新配子，所以回交后代出现了四种类型。又由于这两个基因互换的比率不大，所以两种重组的新类型比两个亲本类型果蝇的数目少得多。

摩尔根等还用灰身、残翅果蝇与黑身、长翅果蝇杂交，也获得了类似的结果，只是重组的新类型不同了。用灰身、残翅和黑身、长翅杂交，获得 F_1，再用 F_1 雌果蝇与黑身、残翅雄果蝇进行测交，其测交后代也有四种类型，两种亲本类型（灰身、残翅和黑身、长翅），和两种重组的新类型（黑身、残翅和灰身、长翅），两种亲本类型各占 41.5%，共占 83%，两种重组的新类型各占 8.5%，共占 17%。和上一个实验结果所获得的亲本类型和重组新类型的百分比是一致的，说明这两个基因之间的互换率是比较稳定的，这两个基因在染色体上有其固定的位置。摩尔根用 F_1 雄蝇与黑身残翅雌果蝇测交，测交子代灰身残翅果蝇与黑身长翅果蝇各占 50%，也证明 F_1 雄蝇表现完全连锁。

趣味点击　配子

有性生殖生物中，经减数分裂产生的具有授精能力的单倍体生殖细胞。

由这些例子可以看出，如果两对或两对以上的等位基因位子同一对同源染色体上（或说两个或两个以上的基因位于同一个染色体上），在遗传时，染色体上的基因常连在一起不相分离，这就是基因连锁遗传。连锁有完全连锁和不完全连锁，出现互换（交换）就是不完全连锁的表现。

▶ 基因是怎样控制遗传的

1902 年，英国医生加罗特第一次引导人们注意基因和酶的关系。他是从临床医学实践，把这种观念引进到生物学中来的。那时候已经知道有一种白化病，它的病因是由遗传因素引起的。加罗特把正常人和白化病人的生物化学过程作了比较，发现白化病是由于缺少一种酶而引起的。由于缺少这种酶，所以病人不能把酪氨酸转变成黑色素。而正常人体是有这种酶存在的，它能催化酪氨酸转变成黑色素的生物化学反应。由此看来发生在有机体里的这样一种生物化学过程，是受支配这个酶合成的基因控制的。

黑色素

　　黑色素是一种生物色素，是酪胺酸经过一连串化学反应所形成的，动物、植物与原生生物都有这种色素。黑色素通常是以聚合的方式存在。

　　1923年，加罗特在黑尿酸病患者中也发现有类似的情况。在正常个体中，有一个基因是负责尿液中的一种酶的合成，这种酶能加速一种正常代谢产物黑尿酸的分解。而在黑尿酸病患者中，等位基因的纯合子却造成了这种酶的缺失，于是黑尿酸就不再分解成二氧化碳和水，而是被排泄到尿里。黑尿酸是一种接触空气以后就变黑的物质，因此病人的尿布或者尿长期放置以后，就会变成黑色。根据白化病和黑尿病这些遗传病代谢异常的资料，加罗特引入了"先天性代谢差错"的概念。他认为，这些患者的异常的生化反应，是"先天性代谢差错"的结果，这种差错和酶有关，并且是完全符合孟德尔定律而随基因遗传的。这样，加罗特的工作初步确认了基因和酶的合成有关的观念。

单基因遗传病 {
  常染色体遗传病 {
    显性遗传病——并指、多指
    隐性遗传病——白化病、先天性聋哑
  }
  伴性遗传病 {
    X连锁显性遗传病——抗维生素D佝偻病
    X连锁隐性遗传病——红绿色盲、血友病、先天性白内障
  }
}

单基因遗传病

知识小链接

白化病

　　白化病是一种较常见的由皮肤及其附属器官黑色素缺乏所引起的疾病，由于先天性缺乏酪氨酸酶，或酪氨酸酶功能减退，黑色素合成发生障碍所导致的遗传性白斑病。白化病属于家族遗传性疾病，为常染色体隐性遗传，常发生于近亲结婚的人群中。

从 1940 年开始，遗传学家比德尔和生物学家塔特姆合作，用红色面包霉做材料进行研究。他们发现它有很多优点，如繁殖快、培养方法简单和有显著的生化效应等，因此研究工作进展顺利，并且取得了巨大的成果。他们用 X 射线照射红色面包霉的分生孢子，使它发生突变。然后把这些孢子放到基本培养基（含有一些无机盐、糖和维生素等）上培养，发现其中有些孢子不能生长。这可能是由于基因的突变，丧失了合成某种生活物质的能力，而这种生活物质又是红色面包霉在正常生长中不可缺少的，所以它就无法生长。如果在基本培养基中补足了这些物质，那么孢子就能继续生长。应用这种办法，比德尔和塔特姆查明了各个基因和各类生活物质合成能力的关系，发现有些基因和氨基酸的合成有关，有些基因和维生素的合成有关，等等。

经过进一步研究，比德尔和塔特姆发现，在红色面包霉的生物合成中，每一阶段都受到一个基因的支配，当这个基因因为突变而停止活动的时候，就会中断这种酶的反应。这说明在生物合成过程中酶的反应是受基因支配的，也就是说，基因和酶的特性是同一序列的。于是，他们在 1946 年提出了"一个基因一个酶"的理论，用来说明基因通过酶控制性状发育的观点，就是一个基因控制一个酶的合成。具体地说，每一个基因都是操纵一

拓展阅读

操 纵 子

操纵子指启动基因、操纵基因和一系列紧密连锁的结构基因的总称。它是转录的功能单位。很多功能上相关的基因前后相连成串，由一个共同的控制区进行转录的控制，包括结构基因以及调节基因的整个 DNA 序列。主要见于原核生物的转录调控，如乳糖操纵子、阿拉伯糖操纵子、组氨酸操纵子、色氨酸操纵子等。

个并且只有一个酶的合成，因此控制酶所催化的单个化学反应。酶具有催化和控制生物体内化学反应的特殊功能，这样，基因就通过控制酶的合成而控制生物体内的化学反应，并最终控制生物的性状表达。虽然"一个基因一个酶"的理论，既没有探究基因的物理、化学本性，也没有研究基因究竟怎样

导向酶的形成，但是它第一次从生物化学的角度来研究遗传问题，注意到基因的生化效应，在探索基因作用机理方面是有很大贡献的。

后来，生物学家发现问题不是那么简单，基因有时并不控制酶的合成，而是控制蛋白质的空间结构，从而达到控制性状的目的。于是在此基础上，遗传学家和生物化学家又提出了"一个基因一条多肽链"的假说，一个酶是由许多多肽链构成的，这样若干个基因控制若干个多肽链，这些多肽链又构成一个酶，并最终控制生物的性状表达。

近年来，许多实验室对真核细胞基因的分析研究表明：DNA上的密码顺序一般并不是连续的，而是间断的，中间插入了不表达的，甚至产物不是蛋白质的DNA，并相继发现"不连续的结构基因""跳跃基因""重叠基因"等。这些研究成果说明，功能上相关的各个基因，不一定紧密连锁成操纵子的形式，它们不但可以分散在不同染色体或者同一染色体的不同部位上，而且同一个基因还可以分成几个部分。因此，过去的"一个基因一个酶"或者"一个基因一条多肽链"的说法就不够确切和全面了。

实际上，基因控制生物性状的遗传是非常复杂的，有直接作用，有间接作用，还有依靠一种叫作操纵子的东西来控制生物的遗传，甚至还受到环境的影响，等等。

◎ 基因的直接作用

如果基因的最后产物是结构蛋白，基因的变异可以直接影响到蛋白质的特性，从而表现出不同的遗传性状，从这个意义上说，基因的变异可以看作是基因对性状表现的直接作用。

◎ 基因的间接作用

基因通过控制酶的合成，间接地作用于性状表现，这种情况比上述的第一种情况更为普遍。例如，高茎豌豆和矮茎豌豆，高茎（T）对矮茎（t）是显性。据研究，高茎豌豆含有一种能促进节间细胞伸长的物质——赤霉素，它是一类植物激素，能刺激植物生长。赤霉素的产生需要酶的催化，而高茎豌豆的 T 基因的特定碱基序列，能够通过转录、翻译产生出促使赤霉素形成的酶，这种酶催化赤霉素的形成，赤霉素促进节间细胞生长，于是表现为高茎。而矮茎基因 t，则不能产生这种酶，因而也不能产生赤霉素，节间细胞生长受到限制，表现为矮茎豌豆。这个过程可这样表示：基因—酶—赤霉素—细胞正常生长—高茎。

又如某些矮生玉米类型，它们之所以矮，是由于矮基因产生了一种氧化酶，破坏了茎顶端细胞所形成的生长素，使细胞延长受到限制，从而表现矮生型。而正常的高

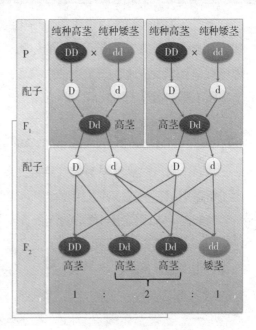

豌豆杂交试验的分析图

品种玉米则没有这种氧化酶，生长素正常发挥作用。这个过程也可这样表示：基因—酶—生长素破坏—细胞延长受限制—矮茎。

知识小链接

氧 化 酶

氧化酶是直接以分子氧作为电子受体生成水，催化底物氧化的酶。氧化酶均为结合蛋白质，辅基常含有 Cu^{2+}，如细胞色素氧化酶、酚氧化酶、抗坏血酸氧化酶等。

◎ 操纵子学说

操纵子是由紧密连锁的几个结构基因和操纵基因组成的一个功能单位。其中的结构基因的转录受操纵基因的控制。

所谓结构基因是指决定蛋白质结构的基因，这是一般常说的基因。操纵基因对结构基因的转录有开、关的作用，操纵基因本身不产生什么物质。另外还有调节基因，通过产生一种蛋白质——遏阻调节其他基因的活动，但调节基因不属于操纵子的成员。

◎ 性状表现的复杂性

基因作用与性状表现的关系非常复杂，这种复杂性的存在是由于若干组因子错综交织在一起，并且相互作用。

在最终的基因作用与最后的性状表现之间，有好多发育步骤和综合影响。性状的表现不是一个基因的效果，而是若干个或许多个基因以及内外环境条件综合作用的效果。

例如，玉米的高或矮性状，至少涉及 20 个基因位点，叶绿素的产生至少涉及 50 个基因位点。有些基因对于某性状的形成可能具有原始作用，而其他一些基因则产生具有调节功能的生长调节物质，还有一些基因间接地影响性状，或是作为基因的多效性发生影响，或是作为一些修饰因子。另外，基因的作用效果还受内外环境条件的影响。酶通常是在某一温度或某一酸碱度范围内才具有

> ### 趣味点击　激素
>
> 激素对肌体的代谢、生长、发育、繁殖等起重要的调节作用。高度分化的内分泌细胞合成并直接分泌入血的化学信息物质，它通过调节各种组织细胞的代谢活动来影响人体的生理活动。由内分泌腺或内分泌细胞分泌的高效生物活性物质，在体内作为信使传递信息，对机体生理过程起调节作用的物质称为激素。

活性。如果基因的作用、酶的作用、激素的作用都受环境的影响，那么，可能的性状表现型确实会多种多样。

🔊 性格形成源于基因

人的性格是和遗传基因有关的，受遗传基因所限。

世界上的确有一些人喜欢"寻求新奇"。他们的典型性格是，总想从事一种充满惊奇和风险的运动，如高空走钢丝、空中花样跳伞、海上冲浪、滑水等，有的人渴望"跳槽"，从一种工作岗位换到另一种工作岗位。他们为什么敢于冒险，追求新奇？形成这样性格的生理机制和过程又是什么？这些问题一直困扰着科学家。

长期以来，人们一直认为人的性格是由自身经历和周围环境决定的，俗语"近朱者赤、近墨者黑"指的就是这个道理。然而，最新的科学证据表明，有些人敢冒险，追求新奇，至少有一部分原因是他们身上的遗传基因与众不同。1996 年初，科学家们研究发现：人的第 11 号染色体上有一种叫 D_4DR 的遗传基因，对人的性格有不可忽视的影响。这是人类首次把一些人的性格特征与一个具体的基因明确地联系在一起。

早在 100 多年前，奥地利科学家孟德尔在花圃里做豌豆试验时就已经发现，所有生物的特征和外形都是由一种化学的遗传因子决定的，这种化学的遗传因子就是后来由美国生物学家摩尔根定义的"基因"。在过去，人们用基因来解释和治疗遗传疾病，却不能用基因来解释和判定人的性格和气质。如果现在，新发现的基因可以决定复杂性格，那么将来科学家可以通过控制基因来转变人的性格和气质，甚至还会产生具有某种性格的新人类。

另外，这一发现还预示，随着分子生物学的发展，人们最终将能精密地绘出像身高、体重、情感、性格等人体特征的遗传基因图，并能运用生物和医学的手段来控制人的感情，重塑人的性格，改变人的行为。正如纽约大学的研究人员所说："新发现的基因，促使一种全新遗传学的诞生，即遗传学不仅能够控制疾病，而且可以在特定的范围内解释人的性格和行为，它有着如此巨大的感染力，可让你对人们身上发生的每一件事从单一的生物学的角度来找出原因。"

美国《自然遗传学》杂志上曾发表了 2 份研究报告，一份是一群志愿者的问卷式性格调查，另一份是对他们血液进行的基因分析。他们在研究报告中指出，那些富有冒险精神和容易兴奋的人，其大脑中的 D_4DR 基因，比起那些较为冷漠和沉默的人来讲，结构更长。在以色列，研究小组对 124 名志愿者进行了问卷式调查，在美国对 315 名志愿者进行了问卷式调查。他们对被调查者询问了诸如有时你是否出自兴奋和冲动去干某件事等问题，并得出结论，D_4DR 较长的人在追求新奇上要比 D_4DR 基因较短的人高出一个等级。

《自然遗传学》杂志上对其解释说，人体中的 D_4DR 含有遗传指令，能够在大脑中构成许多受体。这些受体分布在人的神经元表面，接受一种叫作多巴胺的化学物质。这种物质会持续地激起人们敢于冒险，寻求新奇的欲望。

知识小链接

神经元

神经元，又称神经组织，是构成神经系统结构和功能的基本单位。神经元是具有长突起的细胞，它由细胞体和细胞突起构成。

为了验证上述结论，美国麦吉尔大学的教授做了这样的实验：教授把新出生的幼鼠分开 15 分钟，继而在一天中对它们施加 6 小时的外部压力。结果发现，大脑化学物的受体和调节受体的 D_4DR 基因都发生了变化。教授说，那些受到外部压力的幼鼠就像具有较多受体的小狗一样成长，并有产生过多压力激素的趋向。正常发育成熟的老鼠在受压时通常是不会产生过多激素的。显然，幼时的心理感受，即生理和遗传的作用的初期决定着动物产生"寻求新奇"的大脑受体的多少。

科学家们还发现 D_4DR 基因有调节多巴胺的功能。多巴胺在人脑中起到化学信使的作用，可使人产生情感和欢乐。研究报告的作者之一，生物遗传学家丁·本杰明博士描述说："现在已清楚，当一个多巴胺分子向一个细胞游移，并触到细胞壁后，那些基因结构形式较长的人，反映比较大。"这就是说，较大的基因可形成较长的受体，较长的受体不知不觉会引起人脑中多巴胺的感应，从而使人想要蹦跳、冲动，敢于冒险。

我国有句俗语："种瓜得瓜，种豆得豆"。这是说任何生物能把自己的一些特性遗传给后代。人的性格遗传也是这样。美国和以色列科学家们经过多年研究，终于搞清楚，影响人的性格的 D_4DR 遗传基因有着不同的形式。其中一种比较长，由 7 个重复的 DNA 结构序列组成；另一种比较短，只由 4 个重复的 DNA 结构序列组成。脑部的 D_4DR 基因较长的人，在敢于冒险、追求新奇方面的得分较高。这些人容易兴奋、善变、激动，性情急躁，喜欢冒险，比较开朗。D_4DR 基因较短的人，得分较低。他们比较喜欢思考，个性拘谨，恬淡寡欲，并注意节俭。

科学家们还指出：遗传对人的性格有不可忽视的影响，害羞的小男孩很可能到了老年仍是个害羞的老爷爷；而胆小怕事的人也很可能一辈子都会提心吊胆地过日子。

不过，遗传对人的性格的影响是有限的。大量试验数据表明，D_4DR 遗传基因的长短对一个人是否喜欢坐过山车等冒险行为的影响只有 10%。研究人员还设想了另外四五个与多巴胺有关的遗传基因。但是，华盛顿大学的心理学家克洛林格认为，任何种类的遗传基因对寻求新奇者的性格影响不到一半。

知识小链接

多巴胺

多巴胺由脑内分泌，影响一个人的情绪。多巴胺是一种神经传导物质，用来帮助细胞传送脉冲的化学物质。这种脑内分泌主要负责大脑的情欲、感觉，将传递兴奋及开心的信息。

科学家们相信，大多数人的性格特征是先天和后天两种因素共同影响下形成的，某位科学家说得好："性格是天生与后生的合金，性格受祖代的遗传，在现实生活中又不断被改变、完善。"

基因突变

　　1886 年，荷兰生物学家德弗里斯在荷兰北部一块废弃的种马铃薯的土地上开始用月见草进行试验，发现早在 1875 年就已经生长在那里的月见草的所有器官都有突变。除扁化和瓶状化外，寿命的长短等也有明显的区别。德弗里斯便提出了一种新的见解，认为这种不连续的、突然出现的变异，是进化改变的主要源泉，物种是由突变而进一步形成的。这就是德弗里斯所提出的突变理论。

　　现在知道的突变可分为两大类：一类是染色体畸变，这些变化用细胞学的方法，能够用肉眼观察到；另一类是基因突变，这种变化一般不能直接地观察到，是基因的化学基础的变化。我们所说的突变一般指基因突变。

　　一提起突变，往往都被罩上一层神秘的不可预测的色彩，事实也是如此。自然界的突变往往是偶然的，而且是自发产生的。但是，基因突变也与基因本身一样，存在一定的规律性。基因突变是普遍的现象。在自然界的各种因素如 X 射线、温度和各种化学物质等的影响下，基因的突变是经常发生的，并且有一定的频率。据估计，细菌的突变频率是 $1 \times 10^{-10} \sim 1 \times 10^{-4}$，高等生物的突变频率是 $1 \times 10^{-8} \sim 1 \times 10^{-5}$。

　　首先，摩尔根学派认为基因突变是广泛存在的。遗传学家在

频　率

　　频率，是单位时间内完成振动的次数，是描述振动物体往复运动频繁程度的量，常用符号 f 或 v 表示。为了纪念德国物理学家赫兹的贡献，人们把频率的单位命名为赫兹，简称"赫"。每个物体都有由它本身性质决定的与振幅无关的频率，叫作固有频率。频率概念不仅在力学、声学中有应用，在电磁学和无线电技术中也常用。交变电流在单位时间内完成周期性变化的次数，叫作电流的频率。

植物、动物、微生物上都发现了广泛的突变现象。

其次，突变的发生是可能重复出现的，它具有相对稳定的频率。摩尔根第一次发现的白眼果蝇突变，后来又多次在实验中出现过。

第三，突变具有可逆性。假如说某一野生型基因 A 突变成它的等位基因 a，这是正向突变；基因 a 又可以发生回复突变，从基因 a 突变成野生型基因 A。

第四，突变就一般所观察到的生理功能或形态改变而言都具有有害性。在果蝇中发生的突变，像无眼、卷翅、退化翅、无触角、短肢等都造成个体生活力降低。果蝇还有很多基因突变是致死的，或者是在纯合状态致死的。

第五，基因突变的多方向性。有人从红眼的野生型基因中不止一次地获得白眼基因 w，之后又从红眼的野生型基因中获得伊红眼基因（记为 wr）。

这个基因，经测定就在 w 位置上，所以它成为 w 位置上的第三种等位基因，称为复等位基因，当然这 3 个基因一定不会存在于同一个体里，一个果蝇是不能有 3 个等位基因的。3 个基因相互间的显隐性关系也各有所不同。以后又连续发现这个 w 的位置上，像变戏法似的，在不同的果蝇个体中表现出不同的颜色，而且突变型的数目多达 20 种。

基因突变不可捉摸，对生物体又有如此之危害，而且还会在生物体中累积，这样下去，生物体怎么能把优良特性稳定地遗传下去呢？这种担心是不必要的。首先，基因是非常稳定的，基因突变或染色体畸变对于一个生物来讲是极其稀少的；这些少数基因的突变还可以增加生物的遗传性能的多样性，并非全然是坏事。其次，所说的基因突变的多方向性终究还是有限度的。果蝇的白眼基因决不会突变成牛眼基因，玉米种子的突变决不会下出鸡蛋。最后，生物还有一个"残忍"的"绝招"，那就是：对那些遍体都是基因突变创伤的子孙，干脆扔给大自然淘汰处理。所以总的来说，生物的优良遗传特性仍可以保持相对稳定。

细菌对外界变化的环境，尤其是对抗生素的"响应"能力实在太明显了。随着各种抗生素的广泛应用和发展，起先是 20 世纪 30 年代中的磺胺剂，后来是20世纪40年代的青霉素和链霉素，细菌对药物发生抗性的现象越来越普遍。当时人们普遍接受的观点是：细菌只要暴露于药物之后，就会获得它们的抗性。

研究指出，用X射线、紫外线、高温等外界条件，可以引起突变的发生并且大大地提高突变的频率，从而推进了人们对基因突变的研究，并且逐渐形成一门新的学科——辐射遗传学。

你知道吗

青霉素

青霉素是抗菌素的一种，是指从青霉菌培养液中提制的分子中含有青霉烷、能破坏细菌的细胞壁并在细菌细胞的繁殖期起杀菌作用的一类抗生素，是第一种能够治疗人类疾病的抗生素。青霉素类抗生素是β－内酰胺类中一大类抗生素的总称。

现在，人们知道化学诱变剂比起X射线等物理诱变方式有很多优点。它可以以液体方式渗入到动植物或微生物的培养液或培养基中，操作方便，而且诱变效率非常高。有的化学药物几乎可以达到非常专一的诱导作用，这是物理方法所办不到的。现在化学诱变剂的名单已经很长了，多达数千种。

基因与疾病

　　现代科学对生命的最新解读，以及对许多常见疾病的认识，包括基因与遗传、发育与衰老、感染与免疫、人体结构与功能等各方面可以为热爱生命、追求健康的你提供有益的养分，也可以为培养健康的生活理念和生活方式提供指导。我们一起来探索生命的奥秘吧！

基因与遗传性疾病

　　科学的发展使人们对疾病的认识逐步提高，已由器官、组织和细胞水平进入了分子水平，即基因水平。目前人们普遍认为除了外伤和非正常死亡外，几乎人类所有疾病的发生都与基因或 DNA 的直接或间接改变有关。

　　遗传性疾病或简称遗传病是由于患者体内某种基因的完全或部分缺失、变异等造成其相应表达产物的量或质的异常，因而功能异常而产生的一类疾病，它主要由遗传因素引起。遗传性疾病的发生需要有一定的遗传基础，通过这种遗传基础，按一定的方式传于后代。

　　人类遗传性疾病的种类繁多，目前一般分为以下 5 类。

　　1. 单基因病。单基因病由单个基因突变所致。又因为它们符合孟德尔遗传方式，所以也被称为孟德尔式遗传病。人类单基因遗传病至少有 5000 多种，而其中许多致病基因已经明了。这种突变可发生于 1 条染色体中，而呈常染色体（或性染色体）显性遗传；也可能同时发生于 2 条染色体上，而呈常染色体（或性染色体）隐性遗传。单基因病较少见，发生率较高时也仅为 1/500，但危害性很大。

　　2. 多基因病。多基因病包括那些有一定家族史但没有单基因性状遗传中所见到的系谱特征的一类疾病，如先天性畸形及常见的遗传易感性疾病（高血压、动脉粥样硬化、糖尿病、哮喘、自

你知道吗

先天性畸形

　　先天性畸形是指出生前在母体内已形成的外形或体内有可识别的结构和功能缺陷（不包括代谢疾病）。据统计，新生儿出生有缺陷者的发病率有逐渐增高趋势。其产生原因多为遗传性和环境因素两大类。前者是指从父母处接受的遗传物质所致，即染色体异常和单基因、多基因遗传。后者是指在胎儿发育过程中，受外界因素或母体变化的影响而致畸。

身免疫性疾病、老年痴呆、癫痫、精神分裂症、类风湿关节炎、智力发育障碍等）。这类疾病由遗传因素和环境因素共同作用引起。

多基因病群体中易患性变异与阈值图解

3. 染色体病。染色体病是指染色体结构或数目异常引起的一类疾病。从基因角度来说，这类疾病涉及一个或多个基因结构或数量的变化。因此，这类疾病对个体的危害往往大于单基因病和多基因病。

知识小链接

染色体病

染色体病是染色体遗传病的简称。主要是因细胞中遗传物质的主要载体——染色体的数目或形态、结构异常引起的疾病。

4. 体细胞遗传病。单基因病、多基因病和染色体病的遗传异常发生在人体所有的细胞包括生殖细胞（精子和卵子）的 DNA 中，并能传递给下一代，而体细胞遗传病是由于体细胞基因突变引起的。这类疾病包括恶性肿瘤和自身免疫缺陷病等。

5. 线粒体遗传病。线粒体是除细胞核之外唯一含有 DNA 的细胞器。线粒体 DNA 发生突变引起的疾病称为线粒体遗传病。线粒体遗传遵循母系遗传方式。随着对线粒体 DNA 的深入研究，线粒体遗传病正在引起人们的逐步重视。

染色体是遗传物质的载体。染色体在细胞周期中经历凝缩和舒展的周期性变化。在细胞分裂中期染色体达到凝缩的高峰时，形态恒定、轮廓清晰，这时是染色体观察的最佳时间。染色质和染色体是同一物质在不同细胞周期、具有不同生理功能的不同表现形式。从细胞间期到细胞分裂期，染色质通过螺旋化凝缩成为染色体；而从细胞分裂期到细胞间期转化的过程中，染色体又分解螺旋舒展成染色质。

染色体遗传病是一类涉及单个基因即一对等位基因突变所致的疾病，可以按遗传方式分为：常染色体显性遗传和常染色体隐性遗传。致病基因有显性和隐性之分，其区别在于杂合状态（Aa）时，是否表现出相应的性状或遗传病。假定 A 为显性基因，杂合状态（Aa）时，只有基因 A 控制的性状表现出来，呈现某种临床症状，而基因 a 的作用没有表达出来，则基因 a 称为隐性基因。临床症状是表现出来的性状，称为表现型或表型。若杂合子（Aa）能表现出与显性基因 A 有关的性状或遗传病时，其遗传方式称为显性遗传。杂合子（Aa）不能表现出与隐性基因 a 有关的性状或遗传病，或者只有纯合子才能表现出性状或遗传病时，其遗传方式称为隐性遗传。常染色体病约占染色体病的三分之二。

一种遗传性状或遗传病有关的基因位于常染色体上，其性质是显性的，这种遗传方式称为常染色体显性遗传。由这种致病基因导致的疾病称为染色体显性遗传病。染色体显性遗传病可以分为：完全显性遗传、不完全显性遗传、共显性遗传、不规则显性遗传和延迟显性遗传 5 种类型。

凡是致病基因杂合状态（Aa）时，表现出像纯合子一样的显性性状或遗传病者，称为完全显性。短指症是完全显性遗传的典型例子。

当杂合子（Aa）的表现型较纯合子（AA）轻时，这种遗传方式称为不完全显性或半显性，又称中间型遗传。出现这

趣味点击　染色质

染色质核中染色后强烈着色的物质是染色质。现在认为染色质是细胞间期细胞核内能被碱性染料染色的物质。染色质的基本化学成分为脱氧核糖核酸核蛋白，它是由 DNA、组蛋白、非组蛋白和少量 RNA 组成的复合物。

种现象的原因是杂合子（Aa）中的显性基因 A 和隐性基因 a 的作用都得到一定程度的表达，而临床表现是二者综合作用的结果。

当一对常染色体上的等位基因，彼此间没有显性和隐性的区别，在杂合状态时，两种基因都能表达，分别独立地产生基因产物，这种遗传方式称为共显性遗传。最常见的共显性遗传是 A、B、O 血型的遗传。A、B、O 血型决定于一组复等位基因。复等位基因是指在一个群体中，一对特定的基因座位上有多种基因；而对于每一个人来说只能具有其中的任何 2 个等位基因。复等位基因产生的基础是一个基因发生多种突变，产生了多种基因型的结果。血型的遗传规律性在亲子鉴定、器官移植和输血中具有重要的意义。

知识小链接

复等位基因

在同源染色体相对应的基因座位上存在两种以上不同形式的等位基因，称为复等位基因，复等位基因是由基因突变形成的。一个基因可以向不同的方向突变，于是就形成了一个以上的等位基因。基因突变的可逆性是复等位基因存在的基础。

一般情况下，拥有显性基因的个体应该发病，但有些杂合子（Aa）并不发病，有时表现程度有差异，这种情况称为不规则显性。产生这种现象的可能原因是受修饰基因的影响而不表现出临床症状，失去了显性基因的特点。修饰基因是指本身没有表型效应，但能影响主基因的功能，使主基因的表型不完全或削弱主基因的作用，从而出现各种表现度和不完全的外显率。多指症属于不规则显性遗传性疾病。

有些显性遗传病并非出生后就表现出来，而是到较晚期才出现症状，这种情况被称为延迟显性。延迟显性的特点是最年轻一代的患者比例常不足1/2。如慢性进行性舞蹈病就属于此类疾病。年龄对这类疾病的发病起一定的作用。本病杂合子个体发育早期，致病基因并不表达，但到一定年龄后，致病基因的作用才逐步表达出来。

控制遗传性状或遗传病的基因位于常染色体上，其性质是隐性的，在杂合状态时不表现相应性状，只有当隐性基因纯合子（aa）方得以表现，这种遗传方式被称为常染色体隐性遗传。由这种致病基因所引起的疾病称为常染色体隐性遗传病。白化病、先天性聋哑和苯丙酮尿症等属于常染色体隐性遗传病。白化病患者全身黑色素细胞均缺乏黑色素，所以皮肤、毛发呈白色。本病患者只有当一对等位基因是隐性致病基因纯合子（aa）时才发病，所以患者的基因型都是纯合子（aa）。当一个个体为杂合状态（Aa）时，虽然本人不发病，但为致病基因的携带者，能将致病基因 a 传给后代。因此，患者父母双方都应是致病基因（Aa）的肯定携带者。如果 2 个杂合子（Aa）婚配，后代子女患者（aa）占1/4，表型正常者占3/4。表型正常的人中1/3基因型为纯合子（AA），2/3 为杂合子（Aa），是致病基因的可能携带者。

性染色体上的基因所控制的遗传性状或与遗传病，在遗传上总是和性别相关的。目前已知的性连锁遗传的致病基因大多在 X 染色体上，与性别相关联的遗传方式称为性连锁遗传。

一种性状或与遗传病有关的基因位于 X 染色体上，这些基因的性质是隐性的，并随着 X 染色体的行为而传递，其遗传方式称为 X 连锁隐性遗传。

以隐性方式遗传时，由于女性有 2 条 X 染色体，当隐性致病基因在杂合状态时，隐性基因控制的性状或遗传病不显示出来，这样的女性表型正常，但她是致病基因的携带者。只有当 2 条 X 染色体上等位基因都是隐性致病基因纯合子时才表现出来。在男性细胞中，因为只有一条 X 染色体，Y 染色体上缺少同源节段，所以只要 X 染色体上有一个隐性致病基因就可能发病。男性的细胞中只有成对的等位基因中的一个基因，故称为半合子。

色盲有全色盲和红色绿色盲

你知道吗

纯合子

纯合子（纯合体，同型综合子，同型结合体）是指同一位点上的两个等位基因相同的基因型个体，即遗传因子组成相同。相同的纯合子间交配所生后代不出现性状的分离。

之分。前者不能辨别任何颜色，一般认为是常染色体隐性遗传；后者最为常见，表现为对红绿色的辨别力降低，呈 X 连锁隐性遗传。

　　一些性状或遗传病相关的基因位于 X 染色体上，其性质是显性的，这种遗传方式称为 X 连锁显性遗传，这种疾病称为 X 连锁显性遗传病。目前所知 X 连锁显性遗传病不足 20 种，如：抗维生素 D 佝偻病、色素失调症、高血氨症 I 型等。

　　由于致病基因是显性的，并位于 X 染色体上，因此，不论男性和女性，只要有一个这种致病基因就会发病。与常染色体显性遗传不同之处是，女性患者既可以将致病基因传给儿子，又可以传给女儿，且几率相同；而男性患者只能将致病基因传给女儿，不能传给儿子。由此可见，女性患者多于男性，大约为男性的一倍。另外，从临床上看，女性患者大多数是杂合子，病情一般较男性轻，而男患者病情较重。

　　抗维生素 D 佝偻病是一种以低磷血症导致骨发育障碍为特征的遗传性骨病。患者主要是肾远曲小管对磷的转运机制有障碍，因而尿排磷酸盐增多，血磷酸盐降低而影响骨质钙化。患者身材矮小，有时伴有佝偻病等各种症状。患者用常规剂量的维生素 D 治疗不能奏效，

趣味点击　佝偻病

　　佝偻病在婴儿期较为常见，是由于维生素 D 缺乏引起体内钙、磷代谢紊乱，而使骨骼钙化不良的一种疾病。佝偻病发病缓慢，不容易引起重视。佝偻病使小儿抵抗力降低，容易合并肺炎及腹泻等疾病，影响小儿生长发育。因此，必须积极防治。

故称为抗维生素 D 佝偻病。通过临床观察，女性患者的病情较男性患者轻，多数只有低血磷，佝偻症状不太明显，表现为不完全显性，这可能是女性患者多为杂合子，其中正常 X 染色体的基因还发挥一定的作用。男性患者与正常女性结婚，所生子女中，儿子全部正常，女儿全部发病；女性患者与正常男性结婚，子女中正常与患病者各占 1/2。

如果致病基因位于 Y 染色体上，并随着 Y 染色体而传递，故只有男性才出现症状。这类致病基因只由父亲传给儿子，再由儿子传给孙子，女性不会出现相应的遗传性状或遗传病，这种遗传方式被称为 Y 连锁遗传。由于这些基因控制的性状，只能在雄性个体中表现，这种现象又被称为限雄遗传。

🕐 基因与遗传易感性疾病

一些常见的先天畸形和常见而病因复杂的疾病，其发病率一般都超过 1/1000，疾病的发生都有一定的遗传基础，并常出现家族倾向。但这些疾病不是单基因遗传，患者的发病率不遵循 1/2 或 1/4 的规律，仅 1% ~10%。这些疾病有多基因遗传基础，故称为多基因病。正因为它们的遗传基础很复杂，且受到环境因素的影响，故这类疾病又称为遗传易感性疾病或遗传倾向性疾病。

先天畸形就属于遗传易感性疾病。先天畸形又称出生缺陷，是指由胚胎发育紊乱而引起的形态、结构、功能、代谢、精神、行为等方面的异常。先天畸形因遗传因素、环境因素或两者的相互作用而发生。常见的先天畸形有脊椎裂、腭裂、唇裂、短指或缺指、先天性心脏病、先天性幽门狭窄、先天性髋脱臼、先天性肾缺乏、先天性巨结肠症等。

先天畸形的病因既有遗传因素，也有环境因素，还有两者共同作用。遗传因素有染色体畸变、单基因遗传、多基因遗传等。由遗传因素和环境因素引起的先天畸形属于多基因遗传。由遗传因素和环境因素共同引起的畸形是最常见的。在所有先天畸形中至少有 40% 的确实原因目前尚不清楚。先天畸形中，当遗传因素起决定作用时，也常由环境因素诱发了基因突变或染色体畸变；同时，当环境因素起决定作用时，畸形的发生常与母体和胎儿的基因型有关。可见遗传或基因因素在先天畸形发生中的基础作用。

先天畸形的子女受累风险明显高于一般群体，了解这一特点对于优生优育非常重要。研究发现，先天畸形的发生与多种基因异常有关，如：发育调节基因、转录因子类基因、原癌基因、抑癌基因、生长因子及其受体基因、蛋白激酶 C 相关基因、同型半胱氨酸代谢相关基因等有关。

成人许多常见的慢性病、多发病，如原发性高血压、糖尿病、动脉粥样硬化、冠心病、精

你知道吗

原癌基因

原癌基因是细胞内与细胞增殖相关的基因，是维持机体正常生命活动所必需的，在进化上高等保守。当原癌基因的结构或调控区发生变异，基因产物增多或活性增强时，使细胞过度增殖，从而形成肿瘤。

神分裂症、哮喘病等都属于多基因病。这类疾病的发病是由遗传因素和环境因素共同作用的结果。当在任何一个个体中，有特殊的多种致病基因共同作用时，潜在发病危险性就大。当一个个体继承了致病基因的正常组合，他（她）们超过"危险阈值"时，环境因素就可以决定疾病的表现和严重程度。家庭成员中患同一种疾病时，该个体必须继承相同或极相似的基因组合，这种情况发生的可能性在一级亲属中明显大于较远的亲属。多基因遗传的易患性必须服从于基因控制特定功能的特异蛋白质合成这个基本事实。

冠状动脉粥样硬化性心脏病（冠状动脉性心脏病或冠心病，有时又被称为冠状动脉病，或缺血性心脏病）指由于冠状动脉粥样硬化导致心肌缺血、缺氧而引起的心脏病。动脉粥样硬化可以引起多种病症。冠状动脉病大多数病例是有明显环境因素作用的多基因遗传病。

知识小链接

动脉粥样硬化

动脉粥样硬化是动脉硬化的一种，大、中动脉内膜出现含胆固醇、类脂肪等的黄色物质，多由脂肪代谢紊乱、神经血管功能失调引起。常导致血栓形成、供血障碍等。

高血压病是一种复杂的多基因遗传病。高血压病具有家族聚集现象和复杂的遗传方式，其遗传率为 30% ~60% ，而以多基因遗传为主。据调查发现，许多高血压病患者有家族史。父母双方一方有高血压者，其子女要比双亲均无高血压的子女高血压患病率高出 1.5 倍；双亲均有高血压者，则其子女高血压患病率要高 2~3 倍。分子遗传学研究表明，该病与两个重要的基因——血管紧张素转化酶基因和血管紧张素原基因有关。德国科学家宣布，他们找到了导致人体肥胖和高血压的一种新基因。德国科学家发现"G－肮"的基因会导致血管狭窄和其他症状，并引发高血压和肥胖症，进而造成心肌梗死、中风或肾衰。

糖尿病是由于体内胰岛素分泌量不足或胰岛素效应差，葡萄糖不能进入细胞内，导致血液中的葡萄糖升高、尿糖增加的一种内分泌疾病。糖尿病的典型症状是"三多一轻"，即：多饮、多食、多尿和体重减轻。糖尿病是现代疾病中的第二杀手，其对人体的危害仅次于癌症，而且现在的糖尿病有扩大化和年轻化的倾向。一旦糖尿病发生，目前不能

拓展阅读

心肌梗死

心肌梗死是由冠状动脉粥样硬化引起血栓形成冠状动脉的分支堵塞，使一部分心肌失去血液供应而坏死的病症。多发生于中年以后。发病时有剧烈而持久的性质类似心绞痛的前胸痛、心悸、气喘、脉搏微弱、血压降低等症状，服用硝酸甘油无效，而且可能产生严重后果。心电图和血清酶检查对诊断有重要价值。发病后应立即进行监护救治。

根治，不仅降低患者的生活质量，而且给社会、家庭和个人带来沉重的经济和精神负担。

成人正常空腹血糖值为3.9～6.0mmol/L（毫摩尔╱升），糖尿病危险人群（老年人、有糖尿病家族史、高血压、高血脂、有妊娠糖尿病史、应激性高血糖等），空腹血糖大于或等于7.0mmol/L或者任一次血糖值大于或等于11.1mmol/L，可诊断为糖尿病。

目前将糖尿病分为3型：①1型糖尿病。包括旧称的胰岛素依赖型糖尿病。这型患者血浆胰岛素水平低于正常低限，体内胰岛素绝对不足，必须依赖外源性胰岛素治疗。多见于儿童和青少年，常有糖尿病家族史，起病急，症状较重。②2型糖尿病，包括旧称的非胰岛素依赖型糖尿病。这是最常见的糖尿病类型，占全世界糖尿病病人总数的90%，在我国占95%。发病年龄多见于中老年人，起病较慢，症状较轻或没有症状，不一定依赖胰岛素治疗。③其他特殊类型糖尿病。往往是其他疾病的伴随症

广角镜

基因突变

基因突变是指基因组DNA分子发生的突然的、可遗传的变异现象。从分子水平上看，基因突变是指基因在结构上发生碱基对组成或排列顺序的改变。基因虽然十分稳定，能在细胞分裂时精确地复制自己，但这种稳定性是相对的。在一定的条件下基因也可以从原来的存在形式突然改变成另一种新的存在形式，就是在一个位点上，突然出现了一个新基因，代替了原有基因，这个基因叫作突变基因。

状或并发症。如：感染性糖尿病、妊娠糖尿病、药物及化学制剂引起的糖尿病、内分泌疾病伴发的糖尿病、胰腺疾病伴发的糖尿病等。

在糖尿病的发病诱因中，遗传因素是占有十分重要地位的，已越来越受到人们的关注。根据糖尿病遗传理论的最新进展，与糖尿病的遗传易感性有关的有孟德尔遗传、非孟德尔遗传和线粒体基因突变。

1. 孟德尔遗传。目前已知胰岛素基因突变、胰岛素受体基因突变、葡萄

糖激酶基因突变和腺苷脱氨酶基因突变等4种单基因变异可引起2型糖尿病，并按孟德尔遗传。由于胰岛素基因密码区的点突变，导致胰岛素肽链上氨基酸排列顺序异常。胰岛素受体基因点突变目前已发现40余种。葡萄糖激酶基因突变，现已发现20余种点突变，与2型糖尿病的亚型，即成年发病型青少年糖尿病有关。而腺苷脱氨酶基因突变亦与成年发病型青少年糖尿病有关。

2. 非孟德尔遗传引起的糖尿病。目前认为，大多数2型糖尿病属于非孟德尔遗传，系多基因—多因子遗传疾病。

利用DNA重组技术在细菌里生产胰岛素

3. 线粒体基因突变引起的糖尿病。这类糖尿病是最新的研究进展。这是目前国际上唯一能进行发病前正确预测的一类糖尿病，并认为线粒体基因突变糖尿病呈母系遗传，即家系内女性患者的子女均可能遗传到此突变基因而得病，但男性患者的子女均不得病。

除遗传诱因外，其他的危险因素还包括饮食因素。如能量物质摄入过多，膳食纤维、维生素、矿物质摄入过少，以及体力活动太少等易引起肥胖。而肥胖是诱发糖尿病很重要的一个因素，超过理想体重50%者比正常体重的糖尿病的发病率高达12倍。大多数2型糖尿病患者体形肥胖。有一种向心性肥胖危险性更大，这是一种腰围与臀围的比例大于0.90的肥胖。因为这种肥胖是脂肪细胞体积的肥大，而不是脂肪细胞数量的增生，这种肥大的脂肪细胞上胰岛素受体数目减少，易发生胰岛素抵抗，是发生糖尿病的重要指征。肥胖时脂肪细胞膜和肌肉细胞膜上胰岛素受体数目减少，对胰岛素的亲和能力降低、体细胞对胰岛素的敏感性下降，导致糖的利用障碍，使血糖升高而出现糖尿病。生理病理因素方面，年龄增大、妊娠、高血压、高血脂等也都是糖尿病的危险因素。

超过 40 岁的人，如果有家族糖尿病史或身体肥胖，尤其容易患糖尿病。妊娠期间雌激素增多，而雌激素一方面可以诱发自身免疫，导致胰岛 B 细胞被破坏；另一方面，雌激素又有对抗胰岛素的作用。因此，多次妊娠可诱发糖尿病。环境因素方面，空气污染、噪音、社会的竞争等，这些因素容易诱发基因突变，突变基因随着上述因素的严重程度和持续时间的增长而越来越多，当突变基因达到一定程度便诱发糖尿病。

知识小链接

妊　娠

　　妊娠是母体承受胎儿在其体内发育成长的过程。妊娠期间的妇女称为孕妇，初次怀孕的妇女称初孕妇，分娩过一次的称初产妇，怀孕两次或两次以上的称经产妇。卵子受精为妊娠的开始，胎儿及其附属物即胎盘、胎膜自母体内排出是妊娠的终止。

基因工程

　　基因工程是建立在基因分子生物学的理论基础上发展起来的一门年轻学科。

　　从遗传密码子的破译和 DNA 双螺旋结构的确定，到半保留复制机理的发现和中心法则的建立，从限制性内切酶和 DNA 连接酶的发现，到遗传载体的运用，生物学家们开始设想能否在某些对人类有益的方面打破自然规律。现在，基因工程作为现代生物技术和生命科学的基础与核心已得到广泛应用。

基因工程的概念

基因工程，也叫基因操作、遗传工程，或重新组体 DNA 技术。它是一项将生物的某个基因通过基因载体运送到另一种生物的活性细胞中，并使之无性繁殖和行使正常功能，从而创造生物新品种或新物种的遗传学技术。一般说来，基因工程是专指用生物化学的方法，在体外将各种来源的遗传物质（同源的或异源的、原核的或真核的、天然的或人工合成的 DNA 片段）与载体系统（病毒、细菌质粒或噬菌体）的 DNA 组合成一个复制子。这样形成的杂合分子可以在复制子所在的宿主生物或细胞中复制，继而通过转化或转染宿主细胞、生长和筛选转化子、无性繁殖使之成为

基因工程的基本程序

克隆。然后直接利用转化子，或者将克隆的分子自转化子分离后再导入适当的表达体系，使重组基因在细胞内表达，产生特定的基因产物。

基因工程中内外源 DNA 插入载体分子所形成的杂合分子又称分子嵌合 DNA 或 DNA 嵌合体。构建这类重组体分子的过程，即对重组体分子的无性繁殖过程又称为分子克隆、基因克隆或重组。

知识小链接

转 化 子

　　转化子指受体菌直接吸收了来自供体菌的 DNA 片段，通过交换，把它组合到自己的基因组中，从而获得供体菌部分遗传性状的现象。转化后的受体菌，称转化子。

　　在典型的基因工程实验中，被操作的基因不仅能够克隆，而且能够表达。但是在另外一种情况下，为了制备和纯化一段 DNA 序列，我们只需这一段 DNA 在受体细胞中克隆就可以了，无需让它表达，这也是一种基因工程实验。

　　基因工程一出现，就像一朵绽放的鲜花，散发出诱人的芳香，展现出了光辉的前景。不少科学家预言在 21 世纪遗传学和基因工程将成为自然科学领域的主角。世界上有不少报刊指出，20 世纪 70 年代最伟大的两项科学成就是大规模集成电路和基因工程。前者对人类生产、生活正产生着巨大的影响，后者将改变人类生活的面目。

🔎 基因工程的出现和创立

　　基因工程到底是如何创立的呢？1972 年，美国的遗传学家伯格等进行了一次具有重大历史意义的实验，成功地在体外实现了对 DNA 的重组和改造。他们将两种环状的 DNA 分子，即 SV40（一种猴病毒）的 DNA 和噬菌体的 DNA 分别用同一种限制性内切酶裂解成了带有黏性末端的 DNA，然后在连接酶的作

环状 DNA 质粒的发现使基因
"施工" 有了理想的载体

用下，组合成 DNA 分子。1973 年，一个研究小组把两个不同的质粒拼接一起，组合成一个嵌合质粒，导入大肠内传信息。这是 DNA 重组技术，也是基因工程的第一个例子。

从此，科学家们打开了从分子水平上直接改造生物的大门。这一成功，激发了人们对操作基因的巨大热情，并接二连三地攻克了一个又一个难关，使 DNA 重组技术逐渐趋于成熟，并进入实用化阶段，从此宣布基因工程诞生。

基因工程就是 DNA 的重组技术。它是指在体外通过人工"剪切"和"拼接"等方法，对各种生物的 DNA 分子进行改造和重新组合，然后导入微生物或真核细胞内进行无性繁殖，使重组基因在受体细胞内表达，产生出人类需要的基因产物，或者改造、创造新的生物类型。

基因工程又称遗传工程。但是广义的遗传性含义比较广泛。任何采用物理、化学方法改变生物性状的手段，都可以称为遗传工程。基因工程则专指对基因进行直接的人工处理，从而研究并控制生物特性表达的途径手段。所以，基因工程是指狭义的遗传工程。

广角镜

酶 工 程

酶工程就是将酶或者微生物细胞，动植物细胞，细胞器等在一定的生物反应装置中，利用酶所具有的生物催化功能，借助工程手段将相应的原料转化成有用物质并应用于社会生活的一门科学技术。它包括酶制剂的制备，酶的固定化，酶的修饰与改造及酶反应器等方面内容。酶工程的应用，主要集中于食品工业、轻工业以及医药工业中。

基因工程从问世至今不过几十年的时间。国内外的许多实验室争相应用 DNA 重组技术并进行了大量的研究工作，取得了许多举世瞩目的成就。基因工程完全突破了经典的研究方法和研究内容，将遗传学扩展到了一个内容广泛的崭新领域。自然界创造新的生物物种一般需要几十万年乃至几百万年的漫长岁月，但在实验室里应用基因工程，在几天内就能完成这一过程。自然界中从未有过的新型蛋白质也可能通过基因工程创造出来。随着基因工程学的诞生，人类已经开始从单纯地认识生物和利用生物的传统模式跳跃到改造生物、创造新生物的时代。

基因工程既是现实的生产力，更是巨大的潜在的生产力，势必成为下一代新产品的基础技术，成为世界各国特别是科学较发达国家的国民经济的重要支柱之一。在能源短缺、食品不足和环境污染这3大危机已经开始构成全球问题的今天，基因工程及其伴随的细胞工程、酶工程和微生物发酵工程（统称生物技术）将是帮助人类克服这些难关的金钥匙。基因工程在人类生活和社会发展中将起到越来越重要的作用。基因工程的发展日新月异，方兴未艾。毫无疑问，这一领域的发展势必引起基础理论研究、工农业生产、医疗保健事业等各个领域的一场深刻的技术革命。

基因工程技术有一个前提条件，那就是遗传密码的普遍性。进化程度差异很大的各种生物，不管是动物、植物、微生物还是人类本身，一切生物的遗传密码都是相同的。各个物种之间的区别仅在于它们所含的遗传物质——DNA 分子的长度不同，即所载的信息量不同。这是人类之所以能进行不同物种间基因操作的基础。

基因工程是有目的地在体外进行的一系列基因操作。一个完整的基因工程实验包括 5 个步骤：①获取目的基因；②获取基因载体；③重组 DNA；④把重组 DNA 导入受体细胞进行扩增；⑤筛选与培育。

这一流程只是基因工程的基本轮廓，远远不能包含基因工程的全部内容。一个完整的基因工程实验异常复杂，它犹如一条长长的链锁，由许多紧密相连的环节组成。

基因工程一般操作流程

基因工程是怎样"施工"的

基因工程是一项非常复杂的技术操作，它的环节繁多、操作细致是其他工程所无法比拟的。但是如果跳开细节问题，基因工程操作流程还是比较明了的。

◎ 制备所需的基因

这一步就是人们依据工程设计中所需要的某些 DNA 分子的片段，它含有一种或几种遗传信息的全套遗传密码。DNA 的种类繁多，每个 DNA 分子所包含的基因也很多，但它在细胞内的含量却很少。因此，要获得一定量的目的基因，是一件十分复杂的细致工作。目前采用的分离、合成目的基因的方法有多种。①超速离心法，是根据不同基因的组成不同，其浮力、密度等理化性质也不同的原理，应用密度梯度超速离心器，直接将不同的基因分离出来；②噬菌体摄取法，是利用噬菌体侵入到细菌细胞中，其染色体能与细菌细胞染色体整合并一同复制的特性。在一定条件下，噬菌体可以从细菌中释放出来，并带出一部分细菌的染色体，从而可以从带出的这些细菌染色体上获得目的基因；③反录酶法，是先分离出特定基因的 mRNA，再用反转录酶作催化剂，以 mRNA 为模板，合成所需要的 DNA 目的基因；④分子杂交法，先用加碱或加热的办法使 DNA 变成单链，而后加入有放射标记的 RNA，让 DNA 在特定条件下，结合成 DNA 与 RNA 的杂合分子，再用多聚酶制备出足够数量的双链的 DNA 分子，进而获得 DNA 目的基因；⑤霰弹枪法，是用酶将已切割成的 DNA

趣味点击 多聚酶

多聚酶具有催化作用，能够加快游离的核苷酸和 DNA 模板结合并形成新链的反应速度。

片段与载体混合生成杂合子，再导入到大肠杆菌中去繁殖，然后分离筛选出所需要的目的基因；⑥合成法，如果已经知道基因 DNA 的碱基排列顺序，就可以采用不同的核苷酸为原料，用特定的酶催化，直接合成目的基因。

◎ 选择基因载体

在基因工程中必须把外源基因转移到宿主细胞中去。要实现这种基因转移，还需要一种合适的运转基因的载体。理想的载体要具备如下条件：能够自我复制，大小要适度，能从外部进入细胞；稳定安全可靠，要有遗传标记和选择性的识别标记。通常选用的基因载体有 3 类：一类是细菌质粒。它是存在于细菌细胞中染色体外的环状的 DNA，也叫"核外遗传体或外染色体"，是具有遗传特性的物质。由于它能独立复制，也能组入到宿主细胞中，与宿主细胞的染色体一起复制、转录、翻译表达，因而在基因工程中是常被选用的载体。例

DNA 克隆流程

如：土壤根癌农杆菌中有一种环状 DNA 物质——Ti粒，它能够带着重组的基因稳定地整合到宿主细胞核的基因中去，进行复制、转录和表达。Ti 质粒是目前高等植物基因工程中，常被选用的基因载体；另一种是噬菌体和病毒，例如：N—噬菌体和 SV_{40}（猿猴病毒）等，在微生物和哺乳动物体细胞的基因工程中，作为基因载体已被广泛应用。在植物病毒中，除了利用自然无毒的病毒品系，例如：抗烟草花叶病毒（TMV）外，对其他绝大多数的病毒都必须进行若干修饰或改造，才能成为可用的基因载体。修饰改造的目标之一，

就是要减弱或消除病毒的致毒性，使其引起宿主细胞病症的毒性降至最低水平，并在使用过程中使其原有毒性不至于复发。此外，再有一类载体就是转座因子、人造粘接体等。它们的主要成分都是不同的脱氧核糖核酸（DNA）。

除运用化学物质诱导细胞摄入基因的方法外，将外源基因直接导入受体细胞的方法也不断被研究和采用中，它能有效地提高 DNA 的转化率。下面介绍几种常用的方法。

1. 电激法。这是用瞬间脉冲刺激细胞膜，在一定强度的电脉冲作用下，使其脂质部分形成若干可以逆转的小孔，以增加通透性而不损伤细胞膜的基本结构。这些孔就成了外部重组的 DNA 分子进入细胞的通道。电脉冲的强度可以决定孔的直径大小和数量，孔的直径大小又决定了 DNA 进入细胞的速度和难易。但是如果电脉冲强度超过了临界，细胞膜就会遭到不可逆转的破坏。研究人员成功地将大肠杆菌产生的 β–葡萄糖苷酸酶（Gus）的基因，用电脉冲植入到烟草发芽的花粉细胞中，在再生的烟草植株内发现了 Gus。他们先将细菌的基因提取出来，当烟草的花粉粒发芽并长出花粉管时，就立即将二者混合放入同一试管中，试管里有两根相距两毫米的不锈钢的电极。当通上电流后，两极之间产生了很强的电脉冲，持续时间 80 微秒，电势为 9 千伏/厘米，使花粉管上被击出一些小孔。这些小孔能持续开放 30 分钟左右，Gus 的 DNA 就由这些人眼看不见的小孔进入到花粉细胞中，而因花粉壁较厚而不会被电脉冲击穿。

知识小链接

电 脉 冲

电脉冲是电子产生的一个脉冲，脉冲就是在很短时间内变一次电压的过程。

---

2. 微注射法。在显微操作和相差显微镜等精密技术设备条件下，用毛细管针将外源基因直接注射到细胞中去。

3. 激光打孔注入法。用激光在植物细胞壁、细胞膜和核膜上开孔，将开了孔的细胞浸于外源基因培养液中，培养液的浓度应略高于细胞内液体的浓度，使外源基因从孔中注入细胞内。这种方法已成功地给大麦注入了外源基因，速度比较快，30～40 分钟就能给几万个细胞注入完毕。

4. 黄金弹射入法。用极微小的固体黄金颗粒为子弹，弹上涂上 DNA，放在一张非常薄的膜上，然后用加压的氦气射流把薄膜猛烈地击入一个滤网，使膜上的黄金微粒以接近手枪子弹的射击速度，穿过薄滤网和细胞膜，进入细胞内。美国的研究人员，已经成功地把涂有萤火虫基因的黄金子弹，射入了小鼠的皮肤和肝细胞内，并证实被射入的基因在 10%～20% 的受轰击的细胞内工作了 14 天，研究人员寄希望用这种办法，把某些基因射入人体细胞，以矫正和医治由于基因缺陷或掉失而引起的各种疾病。

5. "基因枪"法。是用各种特制的"基因枪"把带有外源基因的"微型弹"直接嵌入受体细胞中去。美国有两个研制作物种子的科研小组，都宣布他们使用了一种相同的"基因枪"，把涂有外源基因的小弹丸射到了玉米细胞里面去，并得到了表达。这两个实验小组中的一个实验小组在弹丸表面涂的是一种能产生荧光的基因，这种基因引入到试验的玉米细胞中之后，能促使玉米产生比较低但可以探测到微弱的光线。研究人员说："这两种特殊基因中的任何一种都对玉米特别有用，而且'基因枪'技术代表着可以把具备任何特性的基因引入谷物内的研究发展方向。"

拓展阅读

下 丘 脑

下丘脑又称丘脑下部。位于大脑腹面、丘脑的下方，是调节内脏活动和内分泌活动的较高级神经中枢所在。通常将下丘脑从前向后分为三个区：视上部位于视交叉上方，由视上核和室旁核所组成；结节部位于漏斗的后方；乳头部位于乳头体。

基因工程为科学研究和生产实践开辟了一条新路。过去用传统方法要试验研究基因在新的遗传环境中的功能，以及验证它对生物的影响，是不可能进行的，而现在已成为遗传研究中的常规手段。用基因工程生产人们所需要的生物产品，已成为新兴的产业。1997年，美国加州的科学家将生长激素释放抑制因子的基因转入大肠杆菌，在大肠杆菌培养液中，生产出了这种由14种氨基酸组成的多肽激素，仅用9升培养液，就提到了5毫克激素。这相当于从50万只羊的下丘脑中所能提取到的激素量的总和。1979年，美国又利用细菌生产人的胰岛素，以满足医治糖尿病的需要。他们用基因工程把人的胰岛素基因导入大肠杆菌，用几公斤培养大肠杆菌的发酵液，就生产出了3~4克胰岛素，相当于过去从100千克家畜的胰脏中才能提取出来的胰岛素数量，而且生产过程也简便得多。

基本小知识

胰　脏

胰脏是一个大而细长的葡萄串状的腺体，横于胃部之后，居脾脏和十二指肠之间；其右端（胰头）较大、朝下，左端（胰尾）是横着的，尾部靠着脾，它是人体的一个重要的脏器。

◎ 基因转移

细菌间的基因转移

把所取得的基因引入细胞的方法随接受基因的细胞的不同而不同。接受基因的细胞可以大致分为3类：以细菌和酵母菌为主的微生物，人、家畜和实验动物的细胞和植物细胞。

转化是把基因引入微生物细胞的常用方法。转化是细菌在特定的生理状态下摄入 DNA 的过程。一种称为电击穿孔的方法则较少依赖于细菌的生理状态，把细菌悬浮在电场中，短时间的通电能使细胞膜破损而令 DNA 进入细胞中去。

对于人和动物细胞来讲，引入外来基因的方法的采用要视细胞对象而不同。对于身体细胞来讲，用于微生物的方法也可以采用。此外还常用微粒子轰击法和微小囊体融合法。微粒子轰击法是将 DNA 吸附在钨或金的微粒上，通过特制的枪的轰击把 DNA 导入细胞。微小囊体融合法是将 DNA 包在人工制造的磷酯类微小囊体中，依赖于囊体与细胞的融合而把 DNA 输入细胞中去。

卵细胞体积大但数量少，所以常用显微注射方法引入 DNA。显微注射是一种很复杂的操作，不过现在某些实验室已采用电脑控制的自动化装置，应用这种装置每小时可注射 1500 个卵细胞。

植物细胞具有坚硬的细胞壁，所以一般在进行导入外来 DNA 操作以前先把它的细胞壁用溶解纤维素的酶处理，去除了细胞壁的细胞形成圆球状的原生质体。以上介绍的方法都可以应用于原生质体的悬浮液。在一定的条件下导入了外来基因的原生质体又可以形成细胞壁，甚至可以生长成植株。去除了细胞壁的植物细胞会发生融合。融合也可以发生在去除细胞壁的植物细胞与细菌细胞之间，通过这种融合可以把细菌细胞中所包含的运载着的基因直接导入植物细胞而不用抽提它的质粒。当然每种方法各有利弊，例如，最后一种方法似乎简便易行，可是在细胞融合过程中不需要的物质也将随着外来的基因同时进入细胞，这对以后的工作将会产生一些不利的影响。

趣味点击　　纤维素

纤维素是由葡萄糖组成的大分子多糖。不溶于水及一般有机溶剂。是植物细胞壁的主要成分。纤维素是自然界中分布最广、含量最多的一种多糖，占植物界碳含量的 50% 以上。棉花的纤维素含量接近 100%，为天然的最纯纤维素来源。一般木材中，纤维素占 40% ~50%，还有 10% ~30% 的半纤维素和 20% ~30% 的木质素。

◎ 外来基因的检出

无论哪一种导入 DNA 的方法都会带来接受外来 DNA 的细胞的死亡，在活下来的细胞中也总是只有一小部分真正接受了外来的 DNA。因此必须用一种方法来检验这些细胞。

最常用的办法是用一个抗药性质粒作为基因载体。如果说质粒上有一个抗氯霉素基因，那么把经转化处理的细菌接种在含氯霉素的固体培养基上，在这上面长出来的菌落必然由含有这一质粒的细菌所长成。不过这样检出的细菌固然含有这一质粒，质粒上却未必运载着外来的基因，因为经过限制酶切的质粒可以通过自身的两个酶切末端的连接而成为不带有任何外来 DNA 的质粒，而这样的质粒同样可以通过转化进入细菌细胞而使它们对氯霉素具有抗性。

为了避免上述困难可以采用下面这一策略：选择一个具有两个抗药基因的质粒作为基因载体，其中一个抗药基因的内部要求有某一限制酶的单一识别序列，利用这一识别序列来克隆外来基因，如果这里有外来的 DNA 插入便导致这一抗药基因的失活，因此可以从这一基因载体所给予细菌的另一种抗药性来检出带有外来基因的细胞。

受体细胞

受体细胞也叫宿主细胞。受体细胞有原核受体细胞（最主要是大肠杆菌）、真核受体细胞（最主要是酵母菌）、动物细胞和昆虫细胞（其实也是真核受体细胞）。原核受体细胞中，最常用的宿主细胞是大肠杆菌。

在以上这两种方法中未接受外来基因的细胞应该是对这些药物呈敏感状态的；抗药性基因载体和敏感的受体细胞配成一对成为一个转化系统。按照同一原理可以用一个营养缺陷型细胞株系作为受体，用带有相应的野生型基因的质粒作为基因载体，在不加受体细胞所需的物质的培养基上生长的菌落都由接受了这一基因载体的受体细胞所长成；这里带有野生型基因的载体和营养缺陷型株系配成一对，成为一个转化系统。

➡️ 基因的诊断技术

对症下药、治病救人的道理人人皆知。每当去医院看病，医生们在一阵望、闻、问、切之后，常常还要开具检查项目，待检查结果出来之后，才会对症下药。的确，医生欲行救死扶伤之道，必须首先明确其诊断。

现代医学条件下，医生们不仅能根据 B 超、核磁共振、CT、胃镜等一系列现代化仪器对患者器质性病变作出明确的定位诊断，还能在细胞和分子水平上对疾病的性质、预后等作出判断。始于 20 世纪 70 年代末期的基因诊数技术，多年来由于 PCR 等新技术的出现和人类对自身基因认识的不断深入，已步入一个新的阶段，带来了医学诊断学领域的一场深刻的革命。

事实上，20 世纪末的人们对基因诊断已不感陌生。一方面，基因诊断方法的不断更新，不仅揭示了大量遗传病的分子缺陷，且已能在转录水平上进行诊断；另一方面，基因诊断的实用性不断提高，适用范围从遗传病逐步扩展到感染性疾病、肿瘤、心血管疾病、退行性疾病、寄生虫病等。对胎儿的产前诊断成为提高人口素质的有效手段。此外，基因诊断技术在法医学中也得到广泛应用。基因诊断与传统诊断方法的不同之处，也是它的优越之处在于，它不仅能对有表型出现的疾病作出诊断，也能发现潜在的疾病因素，例如，确定有遗传病家族史的人或胎儿是否携有致病基因、个体对疾病的易感性、疾病类型和阶段，甚至个体的抗药性等；而传统诊断方法则仅以疾病的表型为依据，往往疾病表现出典型症状，为治疗带来困难。

你知道吗

自身免疫疾病

自身免疫疾病是指机体对自身抗原发生免疫反应而导致自身组织损害所引起的疾病。受损或抗原性发生变化的组织可以激发自身抗体的产生。

基因诊断的兴起是在 20 世纪 80 年代。1980 年，根据不同人的相应的 DNA 片段并不完全相同而引起某一限制性内切酶识别位点的不同，以致用该限制性内切酶切割基因组织 DNA 所得的 DNA 体系在人群中出现长度多态性的原理，建立了 DNA 限制性长度多态性分析方法，使对任何一种表型相关基因在染色体上的定位成为可能。亨廷顿舞蹈病、囊性纤维变性、乳腺癌基因等 400 多个基因就是根据这一连锁分析定位并克隆的。这使得已有的基于基因功能的诊断策略大大前进了一步。在定位克隆基因诊断战略不断发展完善的阶段，人们又注意到大多数人类疾病如重度肥胖、哮喘、肿瘤、精神疾病和多种自身免疫疾病等是多基因与环境相互作用的结果。1995 年科学家们提出的表型克隆概念，给基因定位克隆提供了新的思路，同时也使基因诊断有可能从简易性状走向复杂性状。其基本思想是从正常和异常基因组的相同或者差异入手，要么寻找两者差异序列，要么寻找两者的全同序列，从中分离、鉴定与所研究疾病相关的基因，然后确定导致该病的分子缺陷。这种策略既不事先阐明基因的生化功能或图谱定位，也不受基因的数目或其相互作用方式的影响。

DNA 探针杂交示意图

基因诊断的具体方法包括 DNA 探针杂交、PCR 或两者兼有的技术。近年来生物芯片特别是基因芯片技术的快速发展，以及人类新基因的大规模克隆，使得基因诊断技术从以前的一个或几个基因的诊断发展为集约化基因诊断——即同时对数百个、数千个甚至数万个基因的诊断。这样就完全有可能通过对某一疾病相关的所有基因检测后，根据患者个体基因型的不同情况，采取针对性的药物治疗或基因治疗，以达到最佳的治疗效果。这种方法不仅简便，且可用少至一个细胞的样品进行诊断。由于基因芯片技术的发展，人们对基因的诊断不仅可能贯穿疾病治疗的全过程，也可能贯穿人的一生——从早至胎儿出生前直到个体死亡，并且可以通过生物信息处理而得出最有诊断意义的结果。通过早期预测和提前治疗，达到真正意义上的疾病防治。

近年来基因诊断技术突飞猛进的发展得益于以人类基因研究为主导的生命科学与技术、信息科学与技术、微细结构制造加工与分析技术的发展，以及各学科间日益密切的配合，为人类健康事业的进步作出了巨大的贡献，也极大地推动了整个生命科学的发展。例如，2 种 DNA 探针：一种用于结核菌鉴定，另一种用于非定型抗酸菌鉴定。传统鉴定均需对样品进行较长时间的细菌培养，而后用常规方法进行检测，需时很长。而用 DNA 探针则由于灵敏度的大大提高，可直接从样品中测定，速度大大加快，患者可以及时获得确诊而不致贻误用药时机。

🔎 基因医病

1990 年 9 月 14 日，在美国马里兰州的一个医疗中心，一名 4 岁的小姑娘正坐在床上接受治疗。经医生诊断，她患的是"重症联合免疫缺陷症"。此时已清楚此病的发病原因，即她的基因有缺陷，不能产生一种叫腺苷脱氨酸的酶，因此削弱了她的免疫系统，抵抗力很弱，极易受各种疾病的感染。按照以前的治疗手段，应该给这名小患者移植与她相配的骨髓，（骨髓移植的治疗方法非常有效，但有一个很大的困难，就是不容易找到一个与病人骨髓相配的捐献者。一般只有 10% ~ 15% 的病人能从 7.3 万名捐献者中找到一个合适的人选，因此往往不能及时给病人进行治疗。）但这次，医生没有采用移植骨髓的方法，而是采用新的疗法，即基因疗法。

小姑娘不知道，她正在创造历史，她是世界上第一个接受这种特殊的基因疗法的患者。基因疗法的成功，迎来了医学遗传学的黎明。

知识小链接

基因疗法

基因疗法，就是利用健康的基因来填补或替代基因疾病中某些缺失或病变的基因，目前的基因疗法是先从患者身上取出一些细胞，然后利用对人体无害的逆转录病毒当载体，把正常的基因嫁接到病毒上，再用这些病毒去感染取出的人体细胞，让它们把正常基因插进细胞的染色体中，使人体细胞可以"获得"正常的基因，以取代原有的异常基因。

过去，人们认为疾病都是由细菌或病毒等外部因素引起的，现在发现许多疾病是由人体内部基因的突变如缺失、重复等缺陷所引起的。由于遗传医学的发展，越来越多的遗传病的致病基因被人们所发现，为基因治疗提供了可能性。

进行基因治疗，首先必须提高基因诊断的技术，准确了解患者患了什么病，此病是在哪一条染色体上出现的。要知道基因是否出了毛病，就要知道正常的基因是怎样的。完成人类基因组计划，是开展基因治疗的前提。

其次，把正常基因导入细胞需要开发导入的手段和载体，这点非常重要。现在常用病毒作载体，费时费力，耗资又大，如果没有十分完善的设备，没有充足的经费，是难于进行的。为了使基因治疗成为切实可行的手段，科学家们正在开展更简便易行的方法，例如，肌肉注射、静脉注射、皮下或肌肉包埋等。近年来又出现了一种颗粒轰击系统的方法，即利用高压放电的方法将涂有目的基因的微细颗粒轰击到体内、皮肤表层中，或者通过小手术暴露出真皮、内脏器官或肿瘤，直接将正常基因导入。这种方法可以获得较长期的疗效。它的优点是"指到哪里，打到哪里"。

自1988年以来，基因治疗的成果逐年增多。基因治疗研究的目标已从开始时的单基因隐性遗传病扩大到恶性肿瘤、心血管病，甚至艾滋病的治疗。技术手段也从最初用正常基因替代"错误"基因发展为利用各种基因转移技术将各种目的基因（包括正常的、改造过的病毒基因）转入人体，以达到治病的目的。随着基因技术的飞速发展，基因在科学家的手中，将变得越来越灵巧，基因技术将在延长人类生命方面变得越来越重要。

　　基因延长生命的下一个研究目标是把目的基因打到尚未出现病症者的靶细胞上，把损害人类健康的基因病在其还没露头时就将其消灭，实现基因预防疾病的理想。

　　肿瘤也是基因医生们攻击的目标。肿瘤尤其是恶性肿瘤——癌，每年都要夺去成千上万人的生命。基因医生把一种叫肿瘤坏死因子（TNP）的基因，通过病毒载体转入从患者肿瘤中取出的淋巴细胞，在体外培养一段时间再输回患者体内，带着肿瘤坏死因子基因的淋巴细胞再次进入肿瘤，分泌肿瘤坏死因子便可杀死肿瘤细胞，使病人化险为夷。

拓展阅读

肿　瘤

　　肿瘤是机体在各种致癌因素作用下，局部组织的某一个细胞在基因水平上失去对其生长的正常调控，导致其克隆性异常增生而形成的新生物。一般将肿瘤分为良性和恶性两大类。

　　人们早就发现，许多病毒能有效地感染和裂解肿瘤细胞。病毒感染肿瘤细胞后，可通过增强免疫系统对肿瘤细胞的识别而增强免疫力。于是，人们开始实验用病毒治癌。病毒治癌成为基因治疗的一个重要内容。病毒可以对癌细胞造成两个方面的威胁：第一，病毒作为抗癌基因的载体，把抗癌基因转入癌细胞内，使癌细胞死亡。第二，病毒本身作为癌细胞的克星，可以杀死癌细胞。病毒治癌的特点是，杀伤力强，一旦浸染癌细胞，可使其迅速裂解；特异性强，一些病毒浸染细胞是有严格分工的，例如，脊髓灰质炎病毒，只感染神经系统，肝炎病毒只感染肝脏，而且病毒基因的复制必须依赖被浸染细胞内 DNA 复制"机器"。当病毒作为抗癌基因载体进入癌细胞时，它多把抗癌基因插入癌细胞蛋白质合成的上游调控区，从关键部位阻止癌细胞生长，于是，一旦用基因工程改造好了的病毒进入癌细胞，它便发挥其以上特点，"咬住"癌细胞不放，利用癌细胞内 DNA 复制机器，大量增殖后代，使癌细胞很快裂解、死亡，而不会对周围正常细胞造成伤害。目前，有关病毒治癌的基因工程的研究工作，集中在修饰病毒的表面蛋白，使其对癌细胞有更强的亲和力，去除病毒中原有的致病基因，并根据癌细胞的特点给病毒配以适当的抗癌基因。随着分子生物学技术的完善，改造病毒基因，使其去弊存利，成为有效的抗癌"药物"已成为可能。

艾滋病是人类的可怕疾病之一，据统计，到1998年，全世界感染艾滋病毒者已达近5000万人，艾滋病患者800多万人。现在艾滋病正以8500人/天的感染速度在全世界蔓延。

医学分子生物学家正在用基因"手术"刀向艾滋病挑战。艾滋病是由于HIV（一种病毒）进入人体免疫细胞——T细胞后，在T细胞中不断复制HIV而破坏或抑制了T细胞的功能，使人丧失免疫力，引发免疫缺陷综合征——艾滋病。用一种蛋白酶抑制剂基因药物可抑制HIV的复制，将这种蛋白酶抑制剂与其他抗艾滋病的药物混合使用，像勾兑鸡尾酒似的制成混合制剂，这是科学家首创的"鸡尾酒式疗法"，结果疗效较好，给人们带来艾滋病可治的福音。

老年性痴呆症也是当前医学领域的一大难题，到21世纪中叶，老年痴呆症患者人数将在数百万人的基数上再翻三番。科学家已从基因上找到老年性痴呆的发病原因。其一，患者的B糖原在神经细胞外凝结成块，这种凝结块破坏了神经元从血液中吸收营养，使细胞缺乏养料而枯竭。引起B糖原这种变异的基因已被破译；其二，一种叫tau蛋白的物质变异而引起神经元内细胞凝结，使脑细胞的新陈代谢功能发生紊乱，而影响tau蛋白变异的是一种早老性痴呆症的敏感基因Apo－E4。若有人携带这2种基因，在他70岁之前发展为老年

你知道吗

肝炎

肝炎是肝脏的炎症。肝炎的原因可能不同，最常见的是由病毒造成的，此外还有因自身免疫造成的。酗酒也可以导致肝炎。肝炎分急性和慢性肝炎。每年的7月28日是世界肝炎日。

性痴呆症的可能性就很大。找到致病基因，便可针对有害基因设计出正常基因来抵消有害基因的表达。当找到老年性痴呆症的目的基因时，我们向老年性痴呆症"再见"的时间也就为期不远了。

艾滋病病毒

　　自古以来，人们一直在追求"对症下药"，而实际上，由于每个病人对药物的反应不同，对一些病人适用的药方，对另一些病人则可能无济于事。例如，美国每年就有十几万人死于药物副作用，百万人因服药而加剧病情。人类基因的破译，就可以使医生"看基因，开处方"，大大减少失败的病例。人类告别疾病的时代将不再是梦想。

📢 基因工程疫苗

　　传统疫苗是将病原体（细菌或病毒等）进行弱化、钝化或灭活而制成的，其使用效果不理想并且不安全，而且有不少病原体不能用这些方法制造疫苗。20 世纪 70 年代以来，由于基因工程的成功应用，人们开辟了以基因工程技术生产疫苗的新途径，被称为第二代疫苗。

　　进入 20 世纪 80 年代以后，第二代疫苗的研究与开发越来越受到重视。这些疫苗是应用基因工程技术生产的，大体的步骤是将抗原体基因与一定的载体 DNA 分子重组，然后转入宿主细胞（如大肠杆菌），通过发酵生产疫苗。这种新疫苗产量大、成本低。

知识小链接

传统疫苗

　　传统疫苗采用病原微生物及其代谢产物，经过人工减毒、脱毒、灭活等方法制成的疫苗。与"新型疫苗"相对。传统疫苗包括目前国家免疫规划应用的疫苗和甲肝减毒活疫苗、风疹减毒活疫苗、腮腺炎减毒活疫苗和狂犬病疫苗等。传统疫苗受制作工艺的限制，其保存、使用和接种副反应等方面都容易出现一些问题。

　　伦敦癌症研究基金会的科学家们利用基因工程技术制造了新的流感疫苗。其方法是，把流感病毒（抗原）基因插入细菌的遗传物质，并使细菌不断复制这种抗原物质，用来作为疫苗。这是较早的成功例子。

基因疫苗作用示意图

经过多年的研究，纽约大学的研究人员首先用基因工程技术制造抗疟疾疫苗。他们在疟原虫孢子周围的物质中辨认出一种简单的蛋白，用基因工程技术分离了这种孢子周围的基因，并把这个基因转入大肠杆菌。它便大批生产孢子周围蛋白，用这种蛋白来生产抑制孢子发育的疫苗，预防疟疾。

澳大利亚的一个试验小组发现，在被疟原虫感染的细胞表面存在着一种抗原。这种抗原被称为里萨（RA – SA），已在实验室分离和复制出来，并作为新疫苗的主要成分。这个试验小组发现，人体免疫系统只对准里萨分子的非常小的区域。因此，这种

你知道吗

癌症疫苗

癌症疫苗，是通过利用肿瘤细胞相关抗原，来唤醒人体针对癌症的免疫系统。

疫苗能对人体产生强大而集中的免疫反应，从而使人体免受疟原虫感染。澳大利亚科学家用这种疫苗在猴子身上试验获得了良好的效果，它使猴子免受疟疾感染。

20 世纪 90 年代，基因工程疫苗的研究热点转向癌症疫苗和艾滋病疫苗，世界各国均投入人力、物力在这些领域竞争，并已取得相当的进展。

第二代疫苗方兴未艾，人们又开始研制第三代疫苗——多价疫苗，即将多种疫苗集中一体，达到一针可预防多种传染病的目的。

美国纽约州卫生部两位科学家曾研制了一种多价疫苗，即把疱疹、肝炎和流感的病毒引入现有的天花疫苗，试图制造出防疱疹、肝炎和流感的疫苗。这种疫苗制造费用低廉，同时，只要对人注射一次这种疫苗，就能提供对好几种疾病的免疫力，多价疫苗将成为免疫技术的发展方向。

总之，尽管有些基因疫苗最终走向市场还需要进一步的研究和实验，但我们具有足够的理由相信，会有一天基因工程疫苗将成为疫苗大军中的一支主力军。

转基因食品

　　什么是转基因食品？转基因食品就是利用分子生物学手段，将某些生物的基因转移到其他生物物种中去，使其出现原物种不具有的性状或产物，以转基因生物为原料加工生产的食品就是转基因食品。通过这种技术，人们可以获得更符合人类需要的食品品质。例如，西红柿非常不易贮藏和运输，科学家将一种能抑制西红柿体内成熟衰老激素基因的基因移植到西红柿细胞内，就培育成了耐贮转基因延熟西红柿。

　　从世界上最早的转基因作物（烟草）于 1983 年诞生，到美国的某家公司研制的延熟保鲜转基因西红柿 1994 年在美国批准上市，及我国水稻研究所研制的转基因杂交水稻 1999 年通过了专家鉴定，转基因食品的研发迅猛发展，产品品种及产量也成倍增长，有关转基因食品的问题日渐凸显。

用基因技术培育出的西红柿

　　其实，转基因的基本原理并不难了解，它与常规杂交育种有相似之处。杂交是将整条的基因链（染色体）转移，而转基因是选取最有用的一小段基因转移。因此，转基因比杂交具有更高的选择性。

　　也就是说，通过基因工程手段将一种或几种外源性基因转移至某种生物体（动、植物和微生物），并使其有效表达出相应的产物（多肽或蛋白质），这样的生物体作为食品或以其为原料加工生产的食品。

　　转基因食品有这么几类：

◎ 植物性转基因食品

　　植物性转基因食品很多。例如，面包生产需要高蛋白质含量的小麦，而目前的小麦品种含蛋白质较低，将高效表达的蛋白基因转入小麦，将会使做成的面包具有更好的焙烤性能。

◎ 动物性转基因食品

动物性转基因食品也有很多种类。例如，牛体内转入了人的基因，牛长大后产生的牛乳中含有基因药物，提取后可用于人类病症的治疗。在猪的基因组中转入人的生长素基因，猪的生长速度增加了一倍，猪肉质量大大提高。现在这样的猪肉已被请上了餐桌。

◎ 转基因微生物食品

微生物是转基因最常用的转化材料，所以，转基因微生物比较容易培育，应用也最广泛。例如，生产奶酪的凝乳酶，以往只能从杀死的小牛的胃中才能取出，现在利用转基因微生物已能够使凝乳酶在体外大量产生，避免了小牛的无辜死亡，也降低了生产成本。

基本小知识

凝 乳 酶

凝乳酶容易与血管紧张肽原酶混淆，是一种蛋白酶。凝乳酶有液态、粉状和片剂三种状态。它的作用是使原奶凝结，为排出乳清提供条件。

◎ 转基因特殊食品

科学家们利用生物遗传工程，将普通的蔬菜、水果、粮食等农作物，变成能预防疾病的神奇的"疫苗食品"。科学家培育出了一种能预防霍乱的苜蓿植物。用这种苜蓿来喂小白鼠，能使小白鼠的抗病能力大大增强。而且这种霍乱抗原，能经受胃酸的腐蚀而不被破坏，并能激发人体对霍乱的免疫能力。于是，越来越多的抗病基因正在被转入植物，使人们在品尝鲜果美味的同时，达到防病的目的。

知识小链接

苜蓿

苜蓿，多年生草本植物，叶子为三片小叶组成的复叶，小叶长圆形。开蝶形花，结荚果。是一种重要的牧草和绿肥作物。种类很多，常见的有紫花苜蓿。

转基因食品虽好，但人们对它的安全问题充满了疑问。其实，最早提出这个问题的人是英国的普庇泰教授。1998年，他在研究中发现，幼鼠食用转基因土豆后，会使内脏和免疫系统受损。这引起了科学界的极大关注。随即，英国皇家学会对这份报告进行了审查，于1999年5月宣布此项研究"充满漏洞"。

更多的科学家的试验表明转基因食品是安全的。赞同这个观点的科学家主要有以下几个理由。首先，任何一种转基因食品在上市之前都进行了大量的科学试验，国家和政府有相关的法律法规进行约束，而科学家们也都抱有很严谨的治学态度。另外，传统的作物在种植的时候农民会使用农药来保证质量，而有些抗病虫的转基因食品无需喷洒农药。还有，一种食品会不会造成中毒主要是看它在人体内有没有受体和能不能被代谢掉，转化的基因是经过筛选的、作用明确的，所以转基因成分不会在人体内积累，也就不会有害。

转基因水稻

比如说，我们培育的一种抗虫玉米，向玉米中转入的是一种来自于苏云金杆菌的基因，它仅能导致鳞翅目昆虫死亡，因为只有鳞翅目昆虫有这种基因编码的蛋白质的特异受体，而人类及其他的动物、昆虫均没有这样的受体，所以无毒害作用。

1993年，经合组织（OECD）首次提出了转基因食品的评价原则——"实质等同"的原则，即：如果对转基因食品各种主要营养成分、主要抗营养物质、毒性物质及过敏性成分等物质的种类与含量进行分析测定，与同类传统食品无差异，则认为两者具有实质等同性，不存在安全性问题；如果无实质等同性，需逐条进行安全性评价。

我国曾颁布了"基因工程安全管理办法"，用于指导全国的基因工程研究和开发工作。

不过，这几年转基因农作物发展十分迅速，全世界播种面积已经达到40万平方千米，转基因食品无论在数量上还是在品种上都已具有相当的规模。在美国，超过60%的加工食品含有转基因成分；英国的报告也显示，该国超过千种的婴儿食品、巧克力、冷冻甜点、面包、人造奶油、香肠、肉类产品等日常必需品，可能含有经过基因改造的大豆副产品。

应该说，转基因作物的研制还是有着广阔的前景的。转基因技术能够培育出具有优良性状的农作物，大大增加粮食产量，从而使这种状况得到根本缓解。另外，过量施用农药和化肥带来的后遗症日渐突出，而且它们造成的污染用传统的手段很难治理，这也是一个令各国都非常头疼的问题。如果利用转基因技术培育出抗病、抗虫害的农作物，这一难题就有了解决的希望。

▶ 基因农业

农业将随着基因技术的应用，向着优质高产、无污染、无病虫害、高效益的绿色生态农业发展。基因工程将层出不穷地培育出动植物新品种，各种小麦、水稻、玉米等作物不仅高产、抗逆性强，而且还含有比大豆、花生更丰富的蛋白质；土豆、甘薯不仅抗病虫害，还含有与肉类相当的蛋白质；五颜六色的蔬菜不但抗病虫，而且需要什么时候成熟，就能什么时候成熟上市，四季均可供应；高产抗病虫害的粮食和棉花等作物均能在盐碱地和干旱地区生长，使荒地变良田。将来的烟草不再含尼古丁，制成的香烟无毒害，而且烟草还可能成为蛋白质的重要来源；今后的新甜料（甘蔗、甜菊等）含热量低，将为不宜食糖的人带来甜蜜。大田里将大量种植生产石油、酒精、塑料和医用药物的作物，成为工业能源和原料的基地；工厂里用水果的果肉细胞进行培养，只长果肉，不长果皮，更不需要长根、茎、叶，直接就可以制成鲜美的果酱和果汁饮料。脱毒快速的组织培养技术，将为大地绿化、美化提供大量特优、抗逆性强的花草、果木和树苗。更引人注目的是育种工作者利用 DNA 重组技术，把所需的性状直接地"设计"入种子，用这种方法培育的多个植物常被称为转基因作物，可以使自然界中不可能发生的杂交成为可能，使新的作物带有多种优良性质。

基因技术、胚胎工程将使家畜、家禽的肉、蛋、奶产量成几倍、几十倍地增长。一头优良种公牛可使 10 万头母牛怀胎；优质奶牛的产乳量成倍增长，奶牛饲养量大幅度减少；从一个小小的胚胎可以繁殖出一大群几乎一模一样的高产牛（羊、猪）；"超级动物""微型动物"都可以按人的需要选择饲养；借胎生子，可使数十种濒于绝种的大熊猫、金丝猴等珍稀动物继续繁衍后代。本世纪，基因移植将改变某些动物的受精方式、动物外形和活动规律，一些性状不同于现有的家畜、家禽、鱼类将陆续问世。基因重组的微生物能在发酵罐里生产出不带壳的鸡卵清蛋白，产量比母鸡要高出许多倍；牛羊等"动物制药厂"能生产人类蛋白、激素、抗体等产品，将成为医治人类疾病的重要药物；在发酵罐里合成的纤维和蚕丝，将成为人们生产时装面料的最新原料。

现在甚至有人设想，如果把固氮细菌里的遗传基因转移到动物和人体肠道微生物（如大肠杆菌）细胞里，让这些肠道微生物也有固氮本领，制造氨基酸，那就可以给动物和人提供营养，减少动物和人对蛋白质的需要量。当然，实现这

趣味点击　固氮细菌

固氮细菌，一般情况下它可分为三大类，这其中包括自生固氮菌、共生固氮菌和联合固氮菌三种。固氮酶对氧极其敏感，因此固氮作用必须在严格的厌氧条件下进行。另外，固氮细菌还可以将一氧化碳变为燃料。

一设想将比植物固氮研究更困难，要走的道路更加漫长。

基因技术与其他高技术结合将开辟农业的新领域。例如，人类根据从太空飞行所获得的有关火星的各种数据，现在已能够用基因工程方法培养出所需要的微生物，可以让它们去"吃掉"火星上的一氧化碳并释放出氧气，使火星能够逐渐变成适合于我们人类生存活动的新天地。科学家们实施对火星进行探测的计划，搜集更多的数据，以判定对火星播种地球生物的可行性，如果这种设想能实现，通过几代人的不懈奋斗，就有可能实现我们人类谋求到其他星球上开辟生存空间的最大的追求和希望。

◎ 抗病虫害的农作物

提高农作物品种抗病虫害的能力，既可以减少农作物的产量损失，又可以降低使用农药的费用，降低农业生产成本，提高生产效益。

目前，人们已经发现了多种杀虫基因，但应用最多的是杀虫毒素蛋白基因和蛋白酶抑制基因。杀虫毒素蛋白基因是从苏云金芽孢杆菌（一种细菌）上分离出来的，将这个基因转入植物后，植物体内就能合成毒素蛋白，害虫吃了这种基因产生的毒素蛋白以后，即会死亡。已成功转入毒素蛋白基因的作物有烟草、马铃薯、番茄、棉花和水稻等。

转基因抗虫作物，效果最大的当数抗虫棉。说起棉花，大家都知道它又白、又轻、又软，做成的棉被盖在身上，暖暖的。

棉花收获季节一到，棉田里就盛开着一朵朵的棉花，远远望去美极了。然而，棉花也有天敌，一旦被棉铃虫侵害，棉花就会变黄、发蔫，甚至无法开花、吐絮，造成棉田减产，棉农减收。

许多年来，为了防治棉铃虫，人们主要靠喷施化学农药。这种方法虽然有一定的防治效果，但也存在着害虫产生抗药性的缺点。有些地方的农民们喷洒农药甚至把药水往虫子身上倒，可虫子仍然不死，虫子把棉花的花蕾、棉桃和叶子照样吃个精光。另外，喷施农药对人体有害，容易中毒，况且对环境也有严重的污染，因此，不提倡使用农药。

利用植物基因工程不仅可以治虫，而且还可以防病。作物在它的生长历程中会受到几十种甚至上百种病害的危害。这些病害包括病毒病、细菌病以及真菌病。作物感染病害以后将给生产带来极大的损失。如水稻白叶枯病，它是我国华东、华中和华南稻区的一种病害，由细菌引起，发病后轻则造成10%～30%的产量损失，重则难以估计。

为了培育抗病毒的转基因作物。我国科学家将烟草花叶病毒和黄瓜花叶病毒的外壳蛋白基因拼接在一起，构建了"双价"抗病基因，也就是抵抗两种病毒的基因，把它转入烟草后，获得了同时抵抗两种病毒的转基因植株。田间试验表明，对烟草花叶病毒的防治效果为100%，对黄瓜花叶病的防治效果为70%。

拓展阅读

烟草花叶病毒

烟草花叶病毒是烟草花叶病等的病原体。叶上出现花叶症状，生长陷于不良状态，叶常呈畸形。

目前，我国科学家还通过利用病毒外壳蛋白基因等途径，进行小麦抗黄矮病、水稻抗矮缩病等基因工程研究，并取得了很大进展。

◎ 抗病毒作物

利用植物基因工程来防治病毒害，目前已取得了令人瞩目的成就，主要有以下方法：

向植物中转入病毒的外壳蛋白基因

人们早就知道，接种病毒弱毒株能够保护植物免受强毒株系的感染，就像人们接种牛痘可免除天花病毒感染一样。这种在一种病毒的一个株系系统地浸染植物后，可以保护植物不受同种病毒的另一亲缘株系严重浸染的现象，就是人们常说的交叉保护作用。近年来，人们通过基因工程方法来实现交叉保护。

毒 株

对病毒进行实验需要培养病毒，毒株是在实验室条件下培养的病毒。它是病毒的原生体，由菌丝产生毒株产生的病毒。它和细胞株类似的。

1985 年，美国科学家设想将病毒的外壳蛋白基因转入植物基因组中，看其是否能产生类似交叉保护的现象。他们将烟草花叶病毒的外壳蛋白基因转入烟草细胞，转基因植物及其后代都高水平地表达了外壳蛋白。这些植株有明显的抗病性，甚至还可以有效地减轻和延迟另一种相关的烈性病毒株的病症。在接种了烟草花叶病毒以后，转基因番茄只有约 5% 的植株得病，几乎不减产，而对照植株的发病率为 99% 。田间试验进一步证实，用这种基因工程方法培育的番茄和烟草对病毒病防效显著。转基因植物未见产量降低，而对照组产量损失高达 60% 。

我国科学家将烟草花叶病毒和黄瓜花叶病毒外壳蛋白基因拼接在一起，构建了"双价"抗病基因，转入烟草获得了同时抵抗两种病毒的转基因植株。田间试验中对烟草花叶病毒的防治效果为 100% ，对黄瓜花叶病毒为 70% 。我国的科学家还通过外壳蛋白基因途径，进行小麦抗黄矮病、水稻抗矮缩病等基因工程研究。

转基因抗虫杂交棉

美国国家科学院曾公布的农作物病毒外蛋白技术已获得成功。他们从 2 个水稻品种中分离出未成熟植株的细胞团，这种细胞团能长成植株，并能合成抗水稻条纹叶枯病毒的外蛋白基因。为了检验这种外蛋白究竟能否使植株抗水稻条纹叶枯病毒的浸染，他们在 31 株含有外蛋白的水稻植株和 17 株缺少外蛋白的对照水稻植株中，接种带病毒稻褐飞虱，结果 80% 的对照植株出现了病毒症状，而通过遗传工程培育的稻株仅有 20% ~40% 受浸染。

烟草花叶病毒、苜蓿花叶病毒、黄瓜花叶病毒、烟草脆裂病毒、马铃薯 X 和 Y 病毒、大豆花叶病毒等的外壳蛋白基因在烟草、番茄、马铃薯和大豆中得到表达。这些转基因植株都获得了阻止或延迟相关病毒病发生的能力。

向植物中转入病毒的卫星 RNA 基因

有些种类的病毒是带有卫星 RNA 的。"卫星 RNA" 通常用来称呼这样一类病毒或核酸，它们特异地依赖于某种病毒进行自身的复制，但它们本身却不为后者的复制所必需，故人们称之为"卫星 RNA"，称卫星 RNA 所依赖的病毒为"辅助病毒"。一些研究者认为，卫星 RNA 是一种"病毒的寄生物"。有些卫星 RNA 可干扰辅助病毒复制，并抑制病毒病症的表现。

1986 年英国科学家首次将黄瓜花叶病毒卫星 RNA 反转录成 DNA，然后导入了烟草植株中。这些烟草及其有性繁殖子代在受到黄瓜花叶病毒侵害时，显著地抑制了病毒在植株中的复制，大大减轻了病症的发展。在该种转化植株受到番茄不育病毒——一种与黄瓜花叶病毒密切相关的植物病毒的攻击时，虽不能减少番茄不育病毒基因组 RNA 的合成，但可通过诱导卫星 RNA 的合成而使病症得到明显的缓解。上述结果表明，利用卫星 RNA 产生的遗传性保护是诱导及增强农作物对病毒病害抗性的一种有效的策略。

此后，澳大利亚的科学家也报道将烟草环斑病毒卫星 RNA 导入烟草，获得了对烟草环斑病毒具有抗性的转基因植株。对照烟草在接种上述病毒后一周，出现典型的、具有严重坏死中心的环斑局部病变；接种后 6 周，所有的新生叶片均表现出严重的全叶症状，植株生长受阻；6 周后，新叶变小，表现出烟草环斑病毒感染的特征性斑驳症状。在转化植株上，病症的出现要比对照植株晚 1 ~2 天，病斑中心仍保持着绿色，无坏死现象。在感染病毒后 3 周新叶仍无明显病变，5 ~16 周后，在某些新叶上有些轻微的全叶反应。转化植株的叶片大小正常，长势较对照植株更旺盛，在接种病毒后 10 周还开了花。

利用植物自己编码的抗病基因

有些植物品种或株系在受到病毒浸染时能表现出一定的抵抗能力。最明显的例子就是有的番茄品种能够抵抗番茄花叶病毒的浸染，还有许多植物（如烟草、番茄、菜豆等）在受到病原真菌、细菌、病毒或逆境诱发后体内能产生多种蛋白，一旦将来克隆到了植物本身抗病毒的抗原基因，那将是最佳的抗病毒基因工程途径之一。

◎ 抗真菌植物

真菌病害是作物损失的主要原因之一。过去对植物真菌病害的控制方法有：一是培育抗性品种；二是施用化学杀菌剂；三是采取预防措施。例如，轮作，避免受浸染土壤和带病原植物材料的传播等。然而，抗病育种所需时间长，难以对新的致病小种作出及时反应，化学杀菌剂成本高，且最终导致病原菌的抗药性，其残毒还引起环境污染等问题。

近年来，一些科学家致力于利用基因工程方法。例如，基因转移技术，培育不需要或只需要少量化学药剂的作物品种，为植物真菌病害的防治开辟了新的途径。

德国科学家在烟草中成功地引入了一种真菌抗体，但只在花生、松树和葡萄藤蔓中发现有这种抗体。葡萄可利用这种抗体抗御灰霉菌的浸染，烟草由于无此种抗体则受到感染严重。为了使烟草植株也能产生这种抗体，研究人员在花生基因库中找到了表现这种抗体的组合基因，并把它取出转移到烟草植株体内。之后，他们在受体细胞质中找到了该种抗体。试验表明，转基因后的烟草植株对灰霉菌具有较强的抗性。除此之外，他们还计划将表达这种真菌抗体的组合基因引入到马铃薯、番茄和油菜等作物。

一些植物中，植物抗毒素通常在局部合成，并在面临病原菌或环境胁迫后积累。这表明植物抗毒素的产生可以导致对某些病原菌的抗性。例如，葡萄中植物抗毒素白藜芦醇的存在与对灰质葡萄孢的抗性有关，将花生的编码白藜芦醇合成的关键酶——芪合酶的基因转入烟草，其在转基因烟草中的构成性表达引起白藜芦醇的合成，且转基因植株的抗灰质葡萄孢浸染的能力比对照植株的强。

植物界大量存在具有离体抑制真菌生长增殖能力的蛋白质，相应基因在转基因植物中表达可使这些植物产生抗真菌性。

研究发现，几丁质酶和 B－1，3－葡聚糖酶位于植物细胞的液泡中，它们能催化许多真菌细胞壁主要成分——几丁质酶和葡聚糖的水解，从而抑制真菌的生长繁殖。所以，这两种酶是许多真菌生长的有效离体抑制物，两者协同作用，联合形成很强的抗菌活性。

美国科学家将一种高度活性的能激发植物体内几丁质酶合成的源基因引入菜豆，取代了菜豆本身的该基因，以增加植物的几丁质酶基因的表达，从而增强对真菌病原体的抗性。试验结果表明，含有外源基因的转基因菜豆植株比未转化植株产生的几丁质酶多，对引起幼菌猝倒病和根腐病的丝核菌的抗性也有所增强。此外，将菜豆内生几丁质酶基因导入烟草植株，植株对立枯丝核菌的抗性就会增强。

◎抗旱作物

世界上已经分离出一些抗旱基因。例如，美国科学家发现苔藓（地衣）拥有高度耐旱的基因，只要在干枯苔藓上滴几滴水，它就会很快恢复生机。科学家们指出，利用这些非作物基因，改良重要的、有经济价值的作物，使它们真正地耐旱，能在严重的沙漠类型干旱状态下生存，并培育出当前短缺的、在少雨条件下生长的作物，是非常有前景的。其他科学家在珍珠粟中发现了一种耐旱基因，称作 TR。该基因可使珍珠粟叶片产生一个厚厚的蜡层，防止水分散失，在干旱条件下可使珍珠粟增产 25% 以上。

现在，在一些作物上已经实现了抗旱基因转移。美国科学家从一种细菌上分离出抗旱基因，并将其转入植株中，获得了抗旱转基因棉花。

脯氨酸能抑制植物细胞向外渗漏水分，小黑麦、仙人掌由于含脯氨酸合成酶基因，故能在干旱地区生长。美国斯坦福大学的科学家研究将仙人掌的抗旱基因转入大豆、小麦、玉米等作物中，以培育耐旱作物品种。

脯 氨 酸

脯氨酸是植物蛋白质的组分之一，它可以在游离状态广泛存在于植物体中。

◎ 抗盐作物

早在 20 世纪 80 年代，科学家们就从红树林及各种海洋植物中得到启示：它们之所以能在海水浸泡的"海地"中生长，主要原因是它们为喜盐、耐盐的天然盐生植物。

于是，科学家们"顺藤摸瓜"，运用基因工程技术，从种子基因到生态环境进行研究，结果发现它们的基因与陆地甜土植物不同，而正是这种独特的基因，使它们成为盐生植物，适应海水浸泡和滩涂的生态环境。

据此，科学家们认为人类一定有办法找到或培育出适应海水灌溉的农作物。

抗盐作物红树林

1991 年，美国的韦克斯博士，完成了一种耐寒内质盐生物——盐角草属的杂交试验。紧接着，他又潜心研究高粱种子基因，使它适应咸土的生态环境。韦克斯博士认为，在现有粮食作物中，高粱生长速度快，根须多，水分吸收快，只要解决耐盐性问题，海水浇灌或咸土栽培均有可能。

无独有偶，美国的土壤学家罗宾斯也在打高粱的主意。他将高粱与一种非洲沿海盛产的苏丹杂草杂交，结果成功地培植出一种独特的杂交品种——"苏丹高粱"。这种粮食作物的根部会分泌出一种酸，可快速溶解咸土土壤中的盐分而吸收水分。种植这样的农作物，采用海水浇灌后，海水中的盐分会自然被溶解掉，而不至于影响高粱的生长。当然，这一美好愿望的实现，仍是借助于植物基因工程的帮忙。

厄瓜多尔加拉帕海岸，生长着一种西红柿，它的个小味涩，口质很差。但科学家从这种耐盐西红柿中提取出了耐盐基因，将它整合到普通西红柿的种子中，通过精心培育，竟培育出了味美、个大、品质优良的耐盐品种，为充分利用海边盐碱地开辟了广阔的前景。

英国科学家则将生长在盐碱地上冰草的耐盐碱基因，转移到了小麦的染色体结构中，培育成了适合在盐碱地种植的小麦——冰草杂交品种。这个杂交品种适合于亚洲、中东和澳大利亚。

◎ 与杂草"势不两立"的作物

草和庄稼一起生长，共同生活是避免不了的。杂草的生长，会使作物大幅度减产。以大豆为例，若不锄草，大豆的产量就会减少 10%。以每公顷产大豆 1300 千克计算，每公顷因草害将少收大豆 130 千克，这是一项多么大的损失，消灭田间杂草就成为农业科学家们攻克的目标。

经过人们的长期探索，发现有些药品能杀灭杂草。农民们只要向农田喷洒一些化学药剂，杂草就会被消灭。但是，人们很快发现，有的除草剂虽然能有效地杀灭杂草，但对农作物也有不同程度的危害；有的除草剂虽然对农作物没有危害，也能有效地杀灭杂草，但它在土壤中的残留期太长，严重影响了作物的倒茬轮作。比如有一种除草剂不危害玉米，但对这块田里的轮作物——大豆有毒害作用。另外，长期使用除草剂也使杂草具有抗除草剂的能力。

基因工程的兴起，使上述问题的解决有了希望，人们看到了曙光。人们设想，向作物导入抗除草剂的基因，获得抗除草剂的转基因作物，这样就可以使作物不再受除草剂的伤害了。于是，几乎世界各国都开始重视这项技术的研究。现在，已有抗除草剂转基因植物几十种，它们给农业生产带来了巨大便利。

◎会"发光"的奇异植物

在自然界，能发光的生物有某些细菌、甲壳动物、软体动物、昆虫和鱼类等。在深海中约 99% 的动物会发光，它们形成了独特的海底冷光世界。但植物也能发光吗？答案是肯定的。

凡是到过美国加利福尼亚大学参观的人们，总是要到该校的植物园去领略一番那里的奇妙夜景。

这是为什么呢？

原来，在加利福尼亚大学的植物园内，种植着几畦奇异的植物，每当夜晚降临时，人们就会看见一片发出紫蓝色荧光的植物。这是加利福尼亚大学的生物学家们，利用基因工程的方法制造出来的一种能从体内发射荧光的神奇烟草。这种"发光"烟草又是怎么培育出来的呢？

能发光的转基因植物

趣味点击　荧光素

荧光素是具有光致荧光特性的染料，荧光染料种类很多。目前常用于标记抗体的荧光素有以下几种：异硫氰酸荧光素、四乙基罗丹明、四甲基异硫氰酸罗丹明等。

科学家们曾对萤火虫的发光机理进行了深入研究，了解到萤火虫发光是发光器中的荧光素在荧光酶的催化下发出的间歇光。荧光素与荧光酶都是由发光基因"指挥"下合成的，然后由调控基因发出光反应信息。于是，科学家们便把发光基因从萤火虫的细胞中分离出来，再转入到烟草体内，这样便培育出能发射荧光的转基因烟草。

英国爱丁堡大学已将发光基因分别转给棉花、马铃薯和青菜，培育出了各自发光的植物。日本科学家还计划培育发光菊花和发光石竹花，人们不仅可以在白天观看美丽的花朵，而且到夜晚还可以欣赏花卉发出的熠熠光彩。美国人还计划培育出发光夹竹桃，将来种植在高速公路两旁，白天做行道树，夜晚做路灯。到那时，每当夜幕降临，公路两旁的夹竹桃荧光闪闪，树树相连，灯灯相通，那将变成一个美丽的荧光世界。

更有趣的是美国的海洋生物学家，在美国东南海域温暖的海水中发现了一种能发出蓝光的海蜇。这种海蜇体内有一种特殊的基因。当海蜇受到其他生物侵袭时，细胞释放出的钙便与这种特别基因"联姻"，此时身体就会发出蓝光。这种奇妙的现象，启发了英国的科学家把海蜇的特别基因移植到烟草上。结果，当生长的烟草受到各种"压力"时，也会发出蓝光。在此基础上，他们又先后在小麦、棉花、苹果树等植物上移植了"发光基因"。这样，在大田中，作物一旦受细菌、害虫或寒冷、干旱等侵害时，便会发出蓝光。这种"发光基因"极为微弱，只有通过特别的仪器才能观察到。一旦发现蓝光，人们可以立即采取措施。这样一来，就减少了施肥、用药、灌溉的盲目性，降低了农作物的生产成本。

◎ 花卉的多彩世界

在五彩缤纷的花丛中，艳丽芳香的花朵不仅使人陶醉，还使人感到心旷神怡。但在百花丛中，你见过蓝色的玫瑰吗？自然界中的玫瑰有着各种不同的颜色，如红玫瑰、白玫瑰、黄玫瑰，却没有蓝玫瑰。为什么玫瑰不能开出蓝色的花朵呢？而像矮牵牛等植物却能开出各种各样，其中包括蓝色的花朵呢？

我们知道，植物的花色是由植物能够合成的那种花色素决定的，植物的花色素的合成涉及许多种酶的作用。因此，在运用基因工程的方法对那些与色素有关酶的基因进行操作时，有的花色素的合成涉及酶的基因数较少，易于操作，有的花色素的合成涉及酶的基因较多，不易操作。像蓝色素的合成是由多种酶控制的，而且还与细胞中的酸碱度有关，因此利用基因工程方法培育蓝色花卉就比较复杂。现在，经过科学家们的辛勤劳动，已经培育出一朵朵绚丽的蓝色玫瑰。

现在，在花卉优良品种的培育方面，基因工程发挥着越来越大的作用，人们培育出了许多用传统的园艺技术难以获得的品种，如橙色的矮牵牛等。另外，现已成功地将外源基因转入玫瑰、矮牵牛、康乃馨、郁金香、菊花等重要的花卉植物。我们有足够的理由相信，基因工程会给我们带来一个更加绚丽多彩的世界。

拓展阅读

花色素

花色素又称花青素。它存在于植物的花、果、叶和茎内，呈红、紫或蓝等显著颜色。花色素依其结构可分为三种基本类型：缔纹天竺素、矢车菊素和飞燕草素。

◎ 含有疫苗的蔬菜和水果

在人的一生中，为了防治传染病，从小就要打预防针。例如，刚出生的婴儿要注射预防肺结核菌的卡介苗、预防乙型肝炎的乙肝疫苗。以后3个月到15岁之间，陆续还要接种牛痘疫苗预防天花；吃小儿麻痹糖丸预防小儿麻痹症；注射三联菌苗，预防百日咳、破伤风和白喉；注射预防麻疹的疫苗，等等。

科学家们设想，是否可以培育一些带有疫苗的水果、蔬菜，这样不就可以免受打针之苦吗？

人们天天都要吃水果、蔬菜，如果将普通的水果、蔬菜或其他农作物，改造成能有效地预防疾病的疫苗，到了那个时候，对某些疾病的预防，将变得非常简单，保健便成了一件轻松的事，只要吃一个西红柿、苹果、鸭梨或一碟冷盘就可以解决问题了。

科学家们的设想，有的已成为了现实。他们正在试验利用香蕉携带乙肝疫苗来预防乙型肝炎，这样一来，人们只要吃一根香蕉就可以达到预防乙肝的目的了。另外，还有的科学家在培育防止霍乱产生的转基因苜蓿。他们将霍乱的抗原基因导入苜蓿中，当人们食用这些转基因苜蓿以后，就可以获得对霍乱的免疫力。苜蓿苗不仅物美价廉，而且可以预防霍乱，一举两得。

培育食用植物疫苗有许多好处，它不仅能够提高人们的保健水平，而且不需要注射器，不但可以免受打针之苦，还可以避免注射器传染疾病的危险。

🔍 转基因动物

早在1981年美国《华盛顿邮报》报道，美国和德国的两位科学家成功地完成了哺乳动物的基因移植；美国的一个科学研究小组首次把产生血红蛋白分子的兔子基因插入到老鼠体内，结果有46只老鼠生下了后代，其中5只小老鼠的红细胞里含有兔子的血红蛋白；特别是1983年，美国宾夕法尼亚大学的布恩斯特和华盛顿大学的帕尔米特从大老鼠体中取出了大老鼠生长素基因，用基因重组的方法把这一基因注入小老鼠的受精卵内，他们一共注入了170个受精的小老鼠卵细胞，然后再把这些卵细胞移植到雌性小老鼠子宫内孕育，结果出生了21只小老鼠，其中7只小老鼠长得比

转基因鼠

一般小老鼠大一倍。经分析，这7只小老鼠体内的生长素比一般小老鼠高800倍，其中1只老鼠还能把移植的基因传给后代。"超级鼠"培育的成功，虽然没什么实际应用价值，但说明人类可以通过遗传操作对动物进行重大改造，从而创造出高大的牲畜或奇异的动物。

　　"超级鼠"的问世，激发了人们把大型动物的生长基因引入小型动物体内，培育一些巨型动物品种的设想。于是，人们相继开展了猪、兔、鸡、羊、牛等的转基因研究，而且都取得了令人鼓舞的进展。例如，澳大利亚培育出一种转基因的"超级猪"，体形大，生长快，瘦肉率提高 10% ~ 15%；还有一种带牛基因的猪，个头大，长得快。我国科学家利用动物精子做生长素基因载体，也就是对精细胞经过外部处理，让它吸附外源 DNA，再进行受精，这样可以把外源基因带入受精卵细胞中而获得表达。采用这种新技术已培育出转基因鱼、转基因鸡和转基因猪。我国转基因鱼的研究水平已居世界领先地位。科学家们首次运用显微注射方法，成功地将人的生长素基因导入了鲫鱼受精卵里并且得到了表达。以后，他们又获得了生长特别快的转基因泥鳅，其中个别泥鳅生长速度比一般鱼快 3 ~ 4 倍。继我国之后，世界上又有 20 多个实验室开展了这

转基因鱼

方面的研究。1988 年美国科学家将红鳟鱼的生长素基因导入鲤鱼受精卵，发育成的转基因鲤鱼比一般鲤鱼生长速度快近 20%。近年来，中国科学院水生生物研究所的科学家们又把人的生长素基因转入鲤鱼受精卵，经检测，孵化出的小鱼中 50% 在血液中含有人的生长激素基因。培育出的转基因鱼生长速度快，有一条在 9 个月后比对照组的鱼重 1.5 千克。目前，我国育成的转基因鱼有红鲤鱼、普通鲫鱼、银鱼、白鲫和红鳟鱼等，转基因鱼一般比非转基因鱼生长速度快 10% ~ 15%。

　　1999 年 5 月 14 日，美国夏威夷大学的安东尼·佩里教授宣布，他用一种新技术已培育出一种会发出绿色光的老鼠。

知识小链接

胚胎移植技术

胚胎移植技术是将良种雌性动物配种后的早期胚胎，或者通过体外受精及其他方式得到的胚胎，移植到同种的、生理状态相同的其他雌性动物体内，使之继续发育成为新个体，所以也称作借腹怀胎。其中，提供胚胎的个体为"供体"，接受胚胎的个体为"受体"。胚胎移植实际上是产生胚胎的供体和孕育胚胎的受体分工合作共同繁育后代的过程。

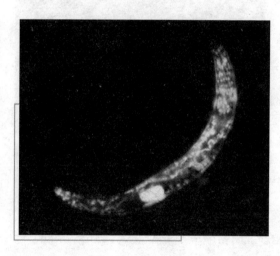

转基因线虫

研究者在实验室制取的胚胎中，有多达 80% 的胚胎含有发绿色荧光的基因，但是其中只有五分之一的胚胎实现了妊娠并表现出这种基因的特征。不过，采用这种方法有 20% 的总体成功率，与目前所使用的方法相比，已经高出很多了。利用这种技术所传递的基因还可以遗传给以后的子代，也就是发绿色荧光的老鼠，其后代也会发绿色荧光。

其实，发光的基因可以作为一种标记，将它与其他有用基因接在一起后，再转入其他受体动物时，如果这个动物会发出荧光，说明转基因成功了。利用这种方法可以培育带有人类基因的老鼠，从而能够在类似于人类的实验对象身上试验新药。

科学家们用一种基因改性昆虫病毒感染了蚕的幼虫。这种病毒携带一种丝蛋白基因，但是这种丝蛋白基因经过了加工改造，其中含有来自水母的绿色荧光蛋白质基因的信息。

绿色荧光蛋白

绿色萤光蛋白，这种蛋白质最早是由研究人员于 1962 年在一种水母中发现。其基因所产生的蛋白质，在蓝色波长范围的光线激发下，会发出绿色萤光。这个发光的过程中还需要冷光蛋白质的帮助，且这个冷光蛋白质与钙离子可产生交互作用。

病毒感染幼虫细胞之后，就嵌入蚕的 DNA 中，用改造后的基因取代蚕的正常基因。但蚕吐丝时这种丝是一种能够在黑暗中发出绿色荧光的纤维。

利用这项研究成果人们有可能通过培育蚕来生产有重要工业用途的蛋白质。比如，蜘蛛丝蛋白，它是制造防弹背心和降落伞所用纤维中的必要成分。

目前，人们利用转基因技术，已将许多来源不同的外源基因（如生长素基因、绵羊乳蛋白基因等）导入许多动物（如老鼠、猪、牛等体内），成功地培育了数万只转基因家畜。虽然有的转基因动物还存在某些缺陷或问题，例如，常得病或表现不育甚至死亡等，但这些研究工作的应用前景十分广阔，人们设想的"大象猪"的诞生已为期不远了。

➡ 动物制药厂

人们早就设想利用转基因动物生产药用蛋白，这样可以省去非常复杂的工厂化生产，既省人力又节约资源，具有光明的发展前途。现在已有不少成功的例子。

人们最早是在转基因鼠中表达了药用蛋白，包括人的生长激素、人的组织纤维溶酶原激活剂（一种溶栓药）等。但是从老鼠的乳汁中获得这类用于人体的药用蛋白，一方面产量很低，另一方面人们心理上也难以接受。于是科学家们开始把羊作为最佳选择，目前在家畜中表达药用蛋白基本上都是在转基因羊中获得的。

对于绵羊、山羊所进行的转基因研究，大多集中于利用它们的乳腺作为生物反应器生产药用蛋白。虽然绵羊、山羊的产奶量比奶牛低，但它们每年也能生产几百升奶，同时，转基因羊比转基因牛更容易获得。

最早在1991年，英国科学家怀特等人首先将抗胰蛋白酶（ATT）基因通过显微注射转入绵羊，最终获得了4雌1雄共5只转基因绵羊。4只雌绵羊都生出了杂合体羊羔，经过进一步交配获得了纯合的转基因绵羊。这4只雌绵羊产奶期产生的乳汁中均含有ATT，而且含量很高，每只绵羊在产奶期可产奶250~800升。由此可见，利用转基因动物生产药用蛋白具有巨大的潜力，生产出的ATT可用于治疗遗传性ATT缺乏症及肺气肿。

我国科学家在培育转基因羊方面作出了重大贡献。1998年上海医学研究所采用显微注射受精卵移植的方法，将人凝血因子IX基因整合在山羊体内，从实验的119只山羊中，最后获得了5只能产生凝血因子的转基因山羊。凝血因子IX是人体正常凝血功能必需的血凝因子，如果缺了这种因子，人体血管破裂就会血流不止，不能凝固，因此它是治疗血友病的有效成分。转基因山羊的培育成功，不仅在医学上有重要的价值，而且由此建立起来的转基因新技术路线预示着我国在建立"天然动物制药厂"中走在了世界前列。

除了转基因羊以外，将猪作为活的生物反应器的开发显示了更为美好的前景。早在1987年，美国一家公司就开始培育能够生产人的血红蛋白的转基因猪。转基因血红蛋白中不含病原体，输血时无须做血型分析和匹配，而且有效放置时间较长（42天），作为人血的理想替代品，其经济

你知道吗

抗胰蛋白酶

抗胰蛋白酶是肝脏产生的一种糖蛋白，是人体内血清蛋白溶解酶（如胰蛋白酶）的主要抑制物。唾液、十二指肠液、呼吸道分泌物、泪液、鼻腔分泌物和脑脊液中都含有 α_1 - 抗胰蛋白酶。α_1 - 抗胰蛋白酶基因位于第14号染色体，70位等位基因调控其合成。血清 α_1 - 抗胰蛋白酶的水平降低，是由于蛋白酶的活性，尤其是弹性蛋白酶的活性未被抑制，导致肝细胞被破坏。

效益是很大的。该公司在 1992 年已得到近 10 头这种转基因猪，他们采用离子交换层析法，可从转基因猪的血液中收到 95% 的人血红蛋白。

科学家们又有了一个大胆的设想，能不能将猪的基因经过重组，使其器官中含有人体蛋白，用于人体器官的移植呢？英国的科学家最先进行了这方面的大胆尝试。他们把人体基因注入近 2500 头猪的受精卵中，获得了 49 头带有人体基因的猪仔，其中 38 头存活。再用这些转基因猪进行杂交，获得第二代猪，研究发现其器官中的人体基因及人体蛋白含量比第一代猪仔增加了一倍。美国的几家生物工程公司也分别采用这种办法，使猪体内，包括内脏主要器官中出现了人体内才有的蛋白质，从而使猪与人的主要脏器内的成分彼此间的差异缩小，使猪的心、肝、肺等在人体内受到

转基因羊

趣味点击　血红蛋白

血红蛋白是高等生物体内负责运载氧的一种蛋白质，是使血液呈红色的蛋白。血红蛋白由四条链组成，两条 α 链和两条 β 链，每一条链有一个包含一个铁原子的环状血红素。氧气结合在铁原子上，被血液运输。

免疫排斥的程度降低。在试验中，植入带有人体基因的猪心脏后，猴子的最长存活期可达 63 天，平均存活期也达到了 40 天。这些试验证明，采用这种方法有朝一日就会解决提供移植的人体器官不足的问题。据不完全统计，全世界每年平均有近 200 万名病人需要进行心、肾等主要内脏器官的移植，通过转基因猪将给器官衰竭的晚期病人带来福音。

细菌制药厂

　　人们知道激素、淋巴因子、神经多肽、调节蛋白、酶、凝血因子等人体活性多肽以及某些疫苗对于疾病的诊断、预防和治疗有着重要的价值。但由于材料来源困难、技术难度大、造价高而不能付诸应用，往往使患者望而却步。但是日益发展的微生基因工程为人类提供了一个生产药物的强有力的技术手段。

知识小链接

淋巴因子

　　淋巴因子是细胞因子的一类，由活化的淋巴细胞产生的激素样的多肽物质，不具有抗体的结构也不能与抗原结合。不同的淋巴因子能表现多种生物学活性，可作用于相应的靶细胞，使靶细胞发生特性或功能的变化。淋巴细胞借助淋巴因子对邻近或远离的靶细胞产生作用，这与抗体的作用相平行，是实现免疫效应和免疫调节功能十分重要的途径之一。

　　根据目的基因导入的受体细胞的类型，可将基因工程分为 3 类：微生物基因工程、植物基因工程和动物基因工程。微生物基因工程是最早出现也是研究最多的新兴技术领域之一。这是将目的基因（异源基因）导入微生物细胞内进行克隆，即无性繁殖。在这个过程中，异源基因会在大肠杆菌中得到表达，产生出相应的蛋白质。最常用的微生物是大肠杆菌。它是一种寄生在人和动物肠道里的无害细菌，不仅繁殖速度极快。也比较容易接受外来的遗传物质。因此，科学家们纷纷把它作为理想的受体，把异源有用基因植入其体内，构建能生产对人类有用的物质的基因工程菌，也就是对大肠杆菌进行基因改造，使其成为有用物质的生产工厂。

　　首先，我们来介绍一个人生长激素释放抑制素的"生产"是怎样进行的。

　　人生长激素释放抑制素（简称 SS）是一种多肽激素，它由 14 个氨基酸组成，在人的肠道以及胰脏中合成。这种激素有广泛的生理功能，最主要的是参与生长的调节。它能抑制生长激素、胰岛素等其他激素的分泌，对胃炎、糖尿病、急性胰腺炎、肢端肥大症等都有治疗作用。

　　SS 这种激素尽管作用举足轻重，但是生产起来十分困难。以前一直是用绵羊的脑做原料，50 万头绵羊的脑只能提取几毫克，价格昂贵至极。所以自从基因工程技术诞生以来，就有许多科学家致力于用基因工程的方法来生产这种激素。1977 年，美国的科学家成功地使细胞菌产生了 SS 激素。这是基因工程园地里开放出的第一朵艳丽夺目的花朵。

　　这项基因工程是如何进行的呢？

　　首先，根据遗传密码，按照 SS 的 14 个氨基酸的排列顺序，人工合成了 SS 的基因，然后在基因的两端各安上一个"黏性末端"。接着，把大肠杆菌的一种质粒 PBR322，用限制性内切酶切开，造成两个"黏性末端"，再通过 DNA 连接酶把 SS 基因同质粒重组在一个环状的 DNA 杂种分子，然后把这个杂种质粒导入大肠杆菌中。但是最初的实验一再受挫，大肠杆菌不产生 SS，经过研究发现，只有 SS 基因还不行，还得装上一个"开关"，于是把大肠杆菌控制"消化"乳糖的那个基因的"开关"切下来，装在 SS 基因前面，结果还是找不到 SS。进一步的研究发现，原来不是细菌不产生 SS，而是因为 SS 分子太小，而且又不是大肠杆菌本身的"传统"产物，所以细菌一面生产，一面又被分解掉了。揭开了事情的真相以后，就对原来的杂种质粒动了一次大"手术"，换上了一个大一点的"开关"。这样，细菌终于产生出了带有 SS 的多肽。接着，把多肽从大肠杆菌中分离出

广角镜

大肠杆菌

　　大肠杆菌是正常肠道菌群的组成部分，被认为是非致病菌。直到 20 世纪中叶，人们才认识到一些特殊血清型的大肠杆菌对人和动物有病原性，尤其对婴儿和幼畜（禽），常引起严重腹泻和败血症，它是一种普通的原核生物。

来，在体外用溴化氰处理，最后提纯到了和天然 SS 一样的人生长激素释放抑制素。

动物细胞的基因，能在细胞里"开动"起来，这是基因工程取得的重大突破。这一成就引起了世界范围的震动，这不仅提供了进一步阐明高等生物基因表达的基础，而且还具有重大的经济价值。若是用常规方法提取 SS，价格异常昂贵，一般病人只能望尘莫及；而用大肠杆菌生产它，价格可以大幅下降。

人生长激素释放抑制素的成功生产，为利用微生物基因工程生产其他激素类药物开辟了道路。从此，其他一些人类重要的激素也源源不断地被生产出来。

拓展思考

胰岛素

胰岛素是由胰岛 β 细胞受内源性或外源性物质如葡萄糖、乳糖、核糖、精氨酸、胰高血糖素等的刺激而分泌的一种蛋白质激素。胰岛素是机体内唯一降低血糖的激素，同时促进糖原、脂肪、蛋白质合成。外源性胰岛素主要用来治疗糖尿病，糖尿病患者早期使用胰岛素和超强抗氧化剂如（注射用硫辛酸、口服虾青素等）有望出现较长时间的蜜月期，胰岛素注射不会有成瘾和依赖性。

胰岛素是从胰脏的胰岛细胞里分泌出来的，它是治疗糖尿病的特效药。胰岛素能调节血液里的糖分的含量，保持血糖平衡。糖尿病患者由于自身不能分泌胰岛素，因糖的新陈代谢不正常而在痛苦的煎熬中度日。对这种病人的治疗，只能依靠注射胰岛素来解决。而胰岛素在过去只能依靠从猪和牛的胰脏中提取出来，数量有限，成本很高，是千百万糖尿病患者可望而不可及的贵重药品，于是科学家们便着手应用基因工程方法用大肠杆菌生产胰岛素。从 20 世纪 70 年代起，美国科学家首先合成了胰岛素基因，利用大肠杆菌的质粒作为运载体把人工合成的人胰岛素基因植入大肠杆菌内。这种杂种质粒随着大肠杆菌的繁殖而复制和扩增。新加入的胰岛素基因便操纵着大肠杆菌大量产生人胰岛素。1978 年，美国基因工程公司的科学家宣告这项实验获得成功，这是继细菌产生生长激素释放抑制素之后，微生物基因工程取得的又一项重大突破。1982 年，正式用基因工程菌生产出胰岛素药品，2 年后进入商业化生产，从而根本改变了胰岛素生产依赖猪和牛的胰脏的现状。据推算，用这种方法生产的人胰岛素的成本比从猪、牛胰脏提取的要便宜 30% ～50% 。大肠杆菌繁殖一代只需 30～40 分钟，这样可以快速生产胰岛素。如用 2000 升培养液就能提取 100 克胰岛素，相当于从 1 吨猪胰脏中提取的产量。

利用"细菌制药厂"生产医用药物变为现实后，人们利用这种方法生产的药物接连不断。

人的生长激素是人体内必不可少的一种激素。缺少它，人就会导致垂体性侏儒症。这种激素只能从外伤致死者的脑下垂体来提取，产量极为有限，全世界极端短缺，售价十分昂贵。为了解决这一难题，科学家们致力于用微生物基因工程技术来制造人的生长激素。

1978 年，美国的有关研究人员宣布，已把老鼠的生长激素基因移到大肠杆菌中，并说明了功能。1979 年 7 月，他们又宣布用基因工程技术使细菌产生人生长激素首次获得成功，并得到了 0.2 毫克样品。他们在技术上也较以前有新的进展：先用化学法合成生长激素的前 69 个核苷酸，其余的部分用酶促法合成，然后将两个片段连接起来，通过载体运入大肠杆菌。

大肠杆菌

这一成果具有重大的经济意义。生长激素还是治疗烧伤、骨折、胃出血、加速伤口愈合以及预防老年患者肌肉萎缩等症的必需药物。1983 年，基因工程菌生产的人类生长激素产品开始投放市场。到 1990 年，利用基因工程菌生产的这种蛋白质药品在全世界销售额已超过 1.5 亿美元，带来了巨大的经济效益和社会效益。

"细菌制药厂"生产的另一重要产品是松弛素。松弛素是妇女顺产的必备药品，有了它可以大大减缓妇女在生育时的痛苦，也可以减少剖腹产的比例。人们还发现，在临床上使用松弛素时，孕妇的关节炎也往往随之消失，但产后，关节炎又会复发。那么是不是松弛素对关节炎也有疗效呢？这是个极令人感兴趣的问题，但因用常规方法生产松弛素成本高、产量低，难以用足够的松弛素去试验以最终确定其对关节炎的疗效。为了能尽快提供价廉质优数量充分的松弛素，美国基因技术公司与澳大利亚一家研究所合作，成功地用细菌产生了这种药品，它既可满足产妇的需要，也为探讨松弛素在医学上的进一步应用创造了条件。

知识小链接

松 弛 素

松弛素是黄体产生的一种多肽激素。已在许多种系（包括人类在内）的怀孕雌性动物血液中发现。它能促进分娩时肌肉松弛。

干扰素是用基因工程技术产出的又一种重要药物。干扰素是人体或动物的细胞产生的一种蛋白质，它可以使细胞获得对病毒感染的免疫力，能够治疗由病毒引起的疑难病症。但是干扰素只能从人的血液中提取，每千克的人血只有 0.5 微克，其昂贵程度就可想而知了。针对这一现状，科学家们积极寻求用基因工程技术来生产干扰素。1980 年，美国基因公司把人体白细胞干扰素基因转移到大肠杆菌中，使大肠杆菌成功地生产出了干扰素。经过临床试验证明，所生产的干扰素具有重要的医学价值和经济价值。

人造基因血液

血液是抢救重危病人、失血过多的伤员等很重要的医用物质。一般医院里都建有血库，保存血液。但是，影响血库效率的因素中，一个突出的问题就是血源不足。首先是因为只能从健康人体内抽取血液；其次，人血有 A、B、AB 和 O 型四种不同的血型，因此血库管理人员发愁的是出现某种血型的血严重短缺，而另一种血型的血过剩，有时导致过期失效而作废。血液的保存有一定的时限，冷藏不能超过 35 天，冷冻期不超过 10 年，不能长期保存。此外，冷冻血液总不如新鲜血液那样具有更大的活力。医生们总希望能把最新鲜的血液输给病人。

但是，输新鲜血液也带有一定的危险性，因血液中难免带有病毒，如肝炎病毒，甚至艾滋病病毒。虽然随着各种检查手段的出现，使供血中含有病毒的可能性减少到最低的限度，然而在接受输血者中，仍有 1% 的人染上了并发症。谁都不否认血液能拯救人的生命，但是接受输血的人，还是要冒风险的。

人造无核红细胞

当然，能够输自己的血，即用病人事先贮存的血液，进行自体输血，较为保险。然而并不是人人都能做到自体输血，如早产婴儿、重病患者、贫血者或事故受害者，事先无法提供自己的血液。

科学家们研制了各种人造血液。人的血型有四种：A 型血可输给 A 型和 AB 型患者；B 型血可输给 B 型和 AB 型患者；AB 型血只能输给 AB 型患者；而 O 型血可输给任何血型的患

趣味点击　　半乳糖

半乳糖是单糖的一种，可在奶类产品或甜菜中找到。半乳糖是一种由六个碳和一个醛组成的单糖，归类为醛糖和己糖。半乳糖是哺乳动物的乳汁中乳糖的组成成分，从蜗牛、蛙卵和牛肺中已发现由 D－半乳糖组成的多糖。它常以 D－半乳糖苷的形式存在于大脑和神经组织中，也是某些糖蛋白的重要成分。

者，所以 O 型血有"万能血"的美名。

A、B、O 型三种血型抗原分子的区别在于 O 型血细胞的抗原分子末端没有糖分子，A 型血细胞的抗原分子末端有一个糖分子——N－乙酰氨基半乳糖，B 型血细胞也有一个糖分子——半乳糖。这些分子是在细胞形成时由一种酶后加上去的。

既然 A 和 B 两种血型的抗原糖分子是后加上去的，能否用一种酶把糖分子去掉，也就是把 A 型血的 N－乙酰氨基半乳糖和 B 型血的半乳糖去掉，这样一来，就成为 O 型血了，可以输给任何血型的患者，血库里的血就都成为万能血了。

设想提出来了。问题在于哪一种酶能够除去这些糖分子呢？

经过科学家的努力，结果竟然在意想不到的生咖啡豆里找到了能够去掉 B 型血细胞的半乳糖分子的酶。由于没有后加的半乳糖，B 型血成为 O 型血。将这种转型的血注射给狒狒，没有出现异常现象，表明这种转型血是安全可用的。A 型血的转型研究，虽然在鸡身上也找到一种酶，但并不理想，科学家仍在寻找能更好转 A 型血的酶。

这种转型血的成功，虽然解决了输血时的血型问题，但仍得靠献血者提供血液。那么能否寻找一种代替真正血的人造血液呢？

我们知道，当血液流往肺部时，大量氧气进入红细胞与血红蛋白结合；当血液流到其他组织时，氧气被释放出来。红细胞的脱氧血红蛋白和二氧化碳结合，在血液流到肺部时，将二氧化碳释放出来，所以红细胞是运输氧气和二氧化碳的工具。由此可以想象，实际上输血是给病人添加输氧载体。根据红细胞的这种功能，科学家找到一种药物——氟碳化合物。它有迅速溶解氧气并释放二氧化碳的功能，和红细胞的功能一致，可以用它来取替人血。这种人造血液曾挽救了一些人的生命，但价格昂贵。能否再寻找其他较廉价的血液代用品呢？

科学家从牛血中提取人血代用品，但使用时发现有些患者感到不适，而且它只能在体内维持 7 天，不能普遍推广使用，但可以作为严重交通事故受害者的输血代用品，直到他们的造血器官能再生自己的血液为止。

随着生物技术的发展，科学家将人的基因注入猪胚胎，然后将胚胎移植到母猪体内，生下来的转基因猪带有人的基因，从这些猪血中提取含有人基因的血红蛋白。这种血可能会作为人血代用品，但仍存在一个安全问题需要考虑，这就是猪血中仍会有病毒感染。

最近科学家通过基因工程技术，研制人红细胞生成素。首先用 DNA 扩散仪得到人红细胞生成素的基因片段，将此片段插入哺乳动物细胞内，经过大量的筛选，得到具有高效作用的传代细胞。这些细胞能在培养条件下大量繁殖，从中分离提纯人红细胞生成素。

人红细胞生成素是人体内很重要的造血生长因子。这种人造红血细胞生成素显然有着非常诱人的能力，使用它人们可以不必担心血液中有无病毒，也不必考虑血型问题。

血液中还有血小板，它是凝血作用所必需的。血小板减少后，要恢复是很缓慢的，对放射线治疗、化学治疗及骨髓移植而引起骨髓损伤的病人是严重的威胁，迫切需要寻找有效地促进血小板生成的药物。科学家发现血小板生成素（TPO），可以促进血小板低下病人的骨髓细胞中血小板的增殖，并无副作用。显然 TPO 作为一种有效的增升血小板药物，有着极好的应用前景。

脐带血含有丰富的未分化血细胞、造血干细胞等有用的细胞。此血对骨髓移植治疗癌症用途很大。每出生一个婴儿，平均可收集到 50 毫升的脐带血。目前多数脐带血都被浪费，所以建立人类脐带血库，是一项变废为

广角镜

骨 髓

　　骨髓是存在于长骨（如肱骨、股骨）的骨髓腔和扁平骨（如髂骨、肋骨、胸骨、脊椎骨等）的松质间网眼中的一种海绵状的组织，能产生血细胞的骨髓略呈红色，称为红骨髓。成人的一些骨髓腔中的骨髓含有很多脂肪细胞，呈黄色，且不能产生血细胞，称为黄骨髓。人出生时，全身骨髓腔内充满红骨髓，随着年龄增长，骨髓中脂肪细胞增多，相当部分红骨髓被黄骨髓取代，最后几乎只有扁平骨松质骨中有红骨髓。

宝的措施。

白血病、再生障碍性贫血的治疗以骨髓移植最为有效，由于不同人的骨髓会产生排异反应，因此希望能建立可以自我移植的骨髓库，即在健康时采集自己的骨髓细胞并冷冻保存起来，一旦需要可供自己使用，亦可供他人需要。当前需要解决无痛采集骨髓细胞的技术、长期无菌保存技术，还有骨髓干细胞增殖技术，这些技术在本世纪可望形成普遍性产业。

➡ DNA 的"分子手术"

科学家们在对基因进行操作或基因组分析时，往往需要在 DNA 分子上进行剪接，在分子水平上进行设计"施工"。比如，一种细菌——流感嗜血杆菌的 DNA，长度为 0.832 纳米；大肠杆菌的 DNA 也只有 1.36 纳米；DNA 的厚度只有 1.0 纳米。也就是说，DNA 的粗细只是缝衣针的四十万分之一或头发丝的十万分之一。对这样细微的物质进行分析或分离上面的基因是非常不容易的，它实际上是要进行比显微外科手术还要精细得多的一种"分子手术"。

你知道吗

流感嗜血杆菌

流感嗜血杆菌，简称嗜血杆菌。它是一种没有运动力的革兰氏阴性杆菌。它是于 1892 年由流行性感冒的瘟疫中发现。它一般都是好氧生物，但可以成长为兼性厌氧生物。但直至 1933 年，当发现流行性感冒的病毒性病源后，才消除了这种误解。不过，流感嗜血杆菌仍是会导致其他不同种类的病症。

为了在 DNA 分子上"动手术"，科学家们绞尽了脑汁，经过反复的试验研究，他们终于发现了一种"分子剪刀"。这种"分子剪刀"当然不是用钢铁做成的普通剪刀，也不是用金刚石制的玻璃刀，而是一种专门把 DNA 切成碎片的酶，它的名字叫"DNA 限制性内切酶"（简称内切酶）。

内切酶是研究基因或进行基因工程"施工"的一把"宝

刀"。它有两个特别高超的本领。一个是它好像长了眼睛一样，会识别 DNA 上某种核苷酸的顺序和位置；第二个本领是能在这个位置上使用"法力"将 DNA 分子一刀两断。例如，有一种内切酶，能识别 6 对核苷酸的顺序，并且只在特定的位置上切断。

在一个 DNA 分子的长链中，由于出现这样 6 对核苷酸特殊排列的机会很少，大约每隔几千对核苷酸才出现一次。因此用这种内切酶切下来的 DNA 片段，大约含有几千对核苷酸。它比一般基因所含的 1000 ~ 2000 对核苷酸的长度略长些，所以用内切酶可以完整地切下一个或几个基因，正好符合基因研究的要求。

科学家们发现，用这种酶"动手术"进行切割，切口不平，是交错切割的。切后，产生两个双链的 DNA 片段，一个上面露出 – A – A – T – T – 的单链"尾巴"；一个下面露出 – T – T – A – A – 的单链"尾巴"。如果仔细观察就会发现，这两条单链"尾巴"的核苷酸排列顺序正好相互颠倒，而且正好"互补"。如果再把

DNA 分子被 EcoR1 切割

它们混合在一起时，这种单链"尾巴"又会相互对准并进行碱基配对，因此人们把这种单链尾巴叫作"黏性末端"。

有人或许要问，既然生物体内存在着限制性内切酶，那么它们自己的 DNA 链又为什么不被切断呢？原来限制性内切酶中还有另外一种起"保护作用"的酶，它能把自身 DNA 链中的内切酶识别位点保护起来，不被切断。

目前，科学家们已在不同生物中发现了几百种这种"爱憎分明"的限制

性内切酶。由于有了形形色色的"分子剪刀",人们就可以随心所欲地进行

限制性内切酶识别特定的碱基序列

DNA 分子长链的切割了,例如,DNA 分子被限制性内切酶 EcoR1 切割。

在进行基因工程和研究基因时,有时需要把一种生物的 DNA 段与另一种生物的 DNA 片段连接起来,需要缝合人工合成 DNA 链为完整的 DNA 分子。好像缝纫师做衣服时,按照设计好的样式,先把布裁成一块一块的,然后再把它们缝起来。可是 DNA 分子的片段特别小,摸不着,看不到。怎么把它们缝合在一起呢?"世上无难事,只怕有心人。"为了完成这个特殊使命,科学家们发现了一种巧妙的"分子针线"——DNA 连接酶,用它可以完成精细的难以想象的工作。

用内切酶切出来的 DNA 片段带有一段可以互补的单链"尾巴"。如果用同一种内切酶分别把 2 种来源不同的 DNA 切成片段,然后再把它们混合起来,它们会通过"尾巴"互相识别,自动靠拢,碱基配对。不过末端与末端之间还留有"空隙",有待缝合。连接酶就是专门"缝合"这种空隙的"分子针线"。它能在两个 DNA 片段的末端之间"架起桥梁",把它们连接起来。因此,只要用同一种内切酶切割的两种 DNA 片段加上这种 DNA 连接酶,它就像"针线"一样,会把片段连接得天衣无缝。DNA 连接酶也是从生物体内提取出来的一种酶,它和内切酶一样是进行基因工程和分子生物学研究的重要工具。有人称它们为"工具酶",赞誉它们为分子工程的两大"法宝"。

知识小链接

工 具 酶

基因工程涉及众多的工具酶可粗略的分为限制酶、连接酶、聚合酶和修饰酶四大类。其中，以限制性核酸内切酶和DNA连接酶在分子克隆中的作用最为突出。

▶ 生物芯片

当今社会已进入信息时代，很多家庭装上了电脑，人们了解世间的各种信息越来越方便了。这是从20世纪70年代，大规模集成电路电子芯片的发明引发的一场计算机革命开始的。先进的微电子技术把庞大的、复杂的计算机变成了具有高性能的个人电脑。目前，家庭电脑已进入了千家万户，在人们生活中发挥着巨大作用。

到了20世纪90年代以基因芯片（也叫DNA芯片）为代表的生物芯片的

基因芯片（点位法）原理

基因芯片检测是碱基配对。样品通过一条或多条已知序列经过标记的核酸探针进行杂交，通过检测杂交结果而测定样品序列，优点是可以一次性分析大量样品，缺点是容易出现假阳性。

DNA点位

DNA点位

DNA点位

基因芯片检测原理图

发明，将复杂的生物学实验系统集成到微小芯片上，使复杂繁琐的生物学实验能够在一个指甲盖大小的芯片上进行。生物芯片技术将生命科学研究中所涉及的许多不连续的分析过程，如样品的制备、化学反应过程和分析检测等，通过采用微电子、微机械等工艺集成到芯片中，使之连续化、集成化和微型化操作，并能够进行批量生产，实现生命信息检测分析的自动化。这一新技术的成熟和应用将在本世纪给遗传研究、疾病的诊断和治疗、新药的发现和环境保护等领域带来一场革命。

在前面我们已提到，任何一种生物都是在遗传信息控制下生长发育的，生物体通过复制、解读遗传信息和执行遗传指令形成特定的生命活动。从信息学的角度来看，DNA 分子是生命信息的载体，遗传信息存储在 A、T、G、C 这 4 个字符所组成的 DNA 序列中。蛋白质分子是遗传信息表达的产物，是构成生命机器的基本元件，大量类型不同、功能各异的蛋白质分子协同工作，保证生命机器的正常运转。因此，认识生命现象，掌握生命活动规律的前提是了解和分析生物大分子，研究生物分子信息与生命活动的关系。生物芯片对完成这项任务起着十分重要的作用。

那么，什么是生物芯片？它是如何发挥作用的呢？

生物芯片是以生物大分子（蛋白质和核酸）为主要材料制成的生物集成电路。经研究发现，蛋白质和核酸等生物大分子都具有像半导体那样的光电转换功能和开关功能。例如，蛋白质分子具有低阻抗、低能耗的性质，不存在散热问题，它的三维立体排列使它具有较高的存储容量。在生物芯片中，信息是以波的形式传递。当波束沿着蛋白质分子链传播时，会引起蛋白质分子链中单链、双链结构顺序发生改变。因而，当一束波传播到分子链的某一部位时，就能像集成电路中的载流子那样传递信息。

制作生物芯片是运用微电子技术和生物分子的自组装技术，将一块微小芯片划分为成千上万个单元，并在每个单元的位置上组装不同的 DNA、蛋白质或其他相关生物分子，从而形成生物分子的微列阵。这好像古代时的两军对垒，摆的八卦阵一样，其中有一定的阵势，一些将领和士兵，在一定的位置上把守阵脚。所不同的是生物芯片是多维的立体陈列，像现代战争那样，海、陆、空三军立体作战。生物芯片利用生物分子的识别或生物分子相互作用原理，实现对生命相关信息的大规模并行检测。分子识别是生物体内分子相互作用的一种基本现象。如两条 DNA 单链根据碱基互补原则，相互缠绕，可以形成双链复合体；还有抗体和抗原可以产生特异性结合等。在生命体系中信息的阅读、储存、复制、转录和翻译均通过分子识别的规则来进行，对于核酸，可通过碱基互补配对识别一个核酸分子的序列。芯片上每一种生物分子的作用相当于一种特殊的探针，用于检测特定的生物分子信息。假设生物芯片某单元上有一个 DNA 探针，它与待检测的样品进行杂交，如果杂交实验结束后，该探针显示杂交信号，则表示在样品中存在一段与探针互补的 DNA 序列。通过一个探针我们可以得到样品的部分信息，如果使用大量的相关探针就可以得到样品的全部信息。

为什么把生物芯片叫作"芯片"呢？其原因有：一是因为芯片的每个单元有信息提取和信息转化的功能，类似半导体芯片；二是因为生物芯片采用与半导体芯片相似的制造技术，具有微型化、集成化的特点。

生物芯片有多种类型，其中基因芯片是目前研究最多、应用最广泛的一种。基因芯片实际上是由大量 DNA 探针所组成的微列阵，通过核酸杂交检测信息，我们可以在基因芯片上用多个探针分析一段 DNA 序列；我们也可以用一个探针检测样品中是否会有特定的核酸序列。

利用基因芯片可以进行基因分析。同一种生物，其基因组从整体上来说是基本一致的，约有 99.9% 的基因组序列相同，然而正是由于 0.1% 序列的差别，才导致了个体与个体表型的差别。我们人类有 46 条染色体，有相同的基因数目和分布，也有基本相同的核苷酸序列。然而人类基因组又是一个变异的群体，在长期进化的过程中，基因组 DNA 序列不断地发生变异，从而导致了差异或

趣味点击　半导体芯片

半导体芯片是在半导体片材上进行侵蚀、布线，制成的能实现某种功能的半导体器件。不只是硅芯片，常见的还包括砷化镓、锗等半导体材料。

多态性。除了同卵双生子以外，没有两个个体的基因组是完全相同的。DNA序列的变化是生物种群之间差异的根本原因，也是影响生物体正常状态和疾病状态的关键因素。人类基因组计划所得到的仅仅是某一些人的基因组，当人类基因组测序计划完成以后，人们便会逐步关注不同人群、正常与疾病状态下DNA序列的变化。对这些基因型差异进行定位、识别以及分类有着重大意义，这是有针对性地预防和治疗疾病的基础，也是对个人遗传特征识别的依据。

利用基因芯片可以检查每个人DNA的特异性，根据基因的情况建立个人健康档案。可能在5～10年之后，每个人都可以用一小块基因芯片便捷、准确地了解自己的全部基因的缺陷。人们将知道自己或自己的儿女一生中会得什么病，可能比别人更容易得什么病。也将知道10年或20年后自己的健康状况。这样，人们可以及早防治各种疾病，预防衰老，延长寿命。

利用基因芯片还可以测定未知的DNA序列。美国一些公司研制成功了一种快速破译人类基因图谱的新技术，其速度约为目前技术的1000倍。原来，这些公司的科学家们使用的是"基因芯片"的微型装置，在芯片上可以用6万多种探针同时进行分子杂交。这样将人的几滴DNA样品置于芯片上，就能对其中所含的基因序列进行全面"阅读"，从而极大地提高了破译的效率。

你知道吗

同卵双生

同卵双生是指受精卵在卵裂时由于自身或者是外界某些随机性因素而一分为二（这种分裂一般是在第一次卵裂时，这时营养物质分配比较均匀），从而形成两个相同的胚胎且可以独立发育。同卵双生的双胞胎由于细胞核内的DNA是完全相同的（除基因突变外），所以二者的性状相差无几。

基 因 克 隆

　　几十万年以来，高级生命的繁衍遵循着阴阳和合的性生殖的天然规律。然而，20 世纪生物科的发展彻底地打破了这一点。一头克隆羊的出现引起世界各国的密切关注。究竟什么是克隆技术？未来生物科学的发展会给人类带来一些什么？人类应不应该把自己克隆？这一切，只有了解了生命高科技的最新进展才能得出答案！

什么是基因克隆

随着生物化学、分子生物学和遗传学基础研究的进展，以及物理化学等学科的实验技术深入地与生物学相结合，20世纪70年代初发展起来的基因克隆技术，使生物学和医学经历了巨大的变化。这些技术促进了医学、生物学、农学、畜牧学等的发展，科学家利用基因克隆技术有可能按照自己的愿望对基因进行改造，使之为人类服务、改变人们的生活。基因克隆技术在医学上的应用更是广泛而意义深远。这些技术不仅已用于基因诊断和基因治疗中，而且还直接促进了人类基因组计划的实施。

基因工程和遗传工程在英语中是同一个词汇。从字面上看，遗传工程就是按照人们的意愿去改造生物的遗传特性或创建具有新遗传特性的生物。遗传是由基因决定的，改造生物的遗传性，就是改造生物的基因，因此狭义的遗传工程就是基因工程。

基因工程就是要改造DNA，涉及DNA序列的重新组合和建造，所以基因工程的核心就是人工的DNA重组。重组、建造的DNA分子只有纯化繁殖才有意

拓展阅读

无性繁殖

无性繁殖是指不经生殖细胞结合的授精过程，由母体的一部分直接产生子代的无性繁殖方法。在林业上常用树木营养器官的一部分和花芽、花药、雌配子体等材料进行无性繁殖。花药、花芽、雌配子体常用组织培养法离体繁殖。生根后的植物与母株法的基因是完全相同的。用此法繁育的苗木称无性繁殖苗。

义。纯的无性繁殖系统被称为克隆（clone）。"clone"一词是1963年被创造出来的，是指来自同一始祖的相同副本或拷贝的集合。所以，纯化繁殖DNA又称为DNA克隆或分子克隆，基因的纯化繁殖又称为基因克隆。

基因克隆的定义为：应用酶学方法，在体外将不同来源的遗传物质与载

体 DNA 结合成具有自我复制能力的 DNA 分子，然后通过转化或转染宿主细胞、筛选出含有目的基因的转化子细胞，再进行扩增获得大量同一的 DNA 分子。所以 DNA 重组和分子克隆是与基因工程密切不可分的，是基因工程技术的核心和主要组成部分。重组 DNA、分子克隆甚至成了基因工程的代名词。

知识小链接

宿主细胞

　　病毒侵入的细胞就叫宿主细胞。病毒一般没有成形的细胞核，一般被蛋白质所包裹在里面的是它的遗传物质，在病毒获得宿主后，利用宿主的蛋白质和其他物质制造自己的身体，然后将遗传物质注入细胞内部感染细胞，有的使细胞死亡，有的会使细胞变异，也就是所谓的癌变。

◤ 基因克隆的秘密

　　"克隆"一词最初源自英文 clone 的音译，科学家们常用它来指由无性繁殖得到的一群细胞，即不是通过精子和卵子配合而繁殖得到的一群细胞或细胞系。克隆的本质就是无性繁殖。

　　我们知道，哺乳类动物和我们人类都是通过性细胞（精子和卵子）结合成合子（受精卵），再由合子分化发育而来的。而通过克隆方法得到的细胞群或由未受精的卵细胞分化发育而来的个体，则不存在性细胞的结合问题。我们先以单克隆抗体为例来说明这一点。科学家们先通过某种方法获得一只分泌一种抗体的杂交瘤细胞，然后给予充分的条件让这个细胞分裂、繁殖，成为一群细胞。这群细胞或称细胞系，都是一个细胞的后代，具有相同的性状，因此都能够产生同一种抗体。这群由一个单细胞经多次分裂繁殖而来的细胞群被称为单一的细胞克隆。由此产生的抗体被称为单克隆抗体。另一种情况是分子克隆，分子克隆实际上是基因克隆技术的别称，指的是通过一定的方法得到含某个特定基因的单一细胞或细菌，再进行大量繁殖，就得到了包含该基因的单一细胞克隆。这种细胞克隆即可以提供足量的目的基因供我们研究，也可以用于制造我们所需的该基因的蛋白质产物。单克隆抗体技术和基因克隆技术都是 20 世纪伟大的科学发明，它们的创立者都因此获得了诺贝尔奖。这两项技术操作工艺上差别极大，可它们都有一个共同的特点，就是要筛选出通过无性繁殖而来的单一细胞群。

世界卫生组织在关于克隆的非正式声明中定义：克隆为遗传上同一的机体或细胞系（株）的无性生殖。

根据上述的诠释和定义，我们将克隆分为 4 个层次：微生物或细胞、植物、动物和人，以及在自然界发生的克隆和只有人工条件下发生的克隆。

随着生物科学的发展，克隆的内涵也在不断扩大，只要是从一个细胞得到两个以上的细胞、细胞群或生物体，就可以称为克隆。由此而分化所得到的细胞、生物体就是克隆细胞、克隆体。从基因角度看，克隆体和母体的遗传物质是完全相同的。英国的克隆羊所使用的技术就相应的被称为克隆技术，该技术是基因工程技术的一个重要组成部分。

你知道吗

机 体

机体是具有生命的个体的统称，包括植物和动物，如最低等最原始的单细胞的生物、最高等最复杂的人类。机体不断地产生热量又不断地向外环境散失热量，两者处于动态平衡。机体的产热过程与散热过程受诸多因素的影响，并在不断地发生改变。两者犹如天平两侧的托盘，在温度调节机制的控制下，对于人体，处于平衡状态时，即维持正常体温于 37℃。若产热或散热的平衡失调，将导致体温升高或降低。

植物的克隆技术比较简单，发现和使用较早，这是因为植物细胞是所谓的全能细胞，经过适当培育，即可以发育成完整植株。所以，克隆植物是相当普通的一件事。而动物的克隆技术发展较慢，这是由于动物的体细胞并不具有全能性。使用已经高度分化的动物体细胞无法直接培育出克隆动物。几十年来，科学家们一直孜孜不倦地探讨哺乳动物的克隆问题。近年来在此领域中已取得了不少进展。

　　克隆的手段有多种类型，包括胚胎切割、细胞核移植等。在"多莉"降生之前，细胞核移植就是用机械的方法，把一个称之为"供体细胞"的细胞核移入另一个去除了细胞核的细胞质中。核移植采用的供体细胞有两种，一种是胚胎细胞，一种是体细胞，但二者有着本质的区别。胚胎细胞是由受精卵发育而成的胚胎的细胞，故胚胎细胞克隆属于异体复制，"复制"的是提供受精卵胚胎的动物的下一代，相当于生了个"多胞胎"；而体细胞克隆属于自体复制，"拷贝"的是提供体细胞的动物本身。从技术操作的难度来看，前者难度小，后者难度大。

知识小链接

细　胞　质

　　细胞质包括基质、细胞器和包含物，在生活状态下为透明的胶状物。基质指细胞质内呈液态的部分，是细胞质的基本成分，主要含有多种可溶性酶、糖、无机盐和水等。细胞器是分布于细胞质内、具有一定形态、在细胞生理活动中起重要作用的结构。它包括：线粒体、叶绿体、内质网、内网器、高尔基体、溶酶体、微丝、微管、中心粒等。

◉▶ 首例克隆"多莉"羊

　　1997年2月23日，英国的科学家们在伊尔·维尔穆特教授领导下所作的一项创新性工作，被刊登在科学杂志《自然》上，他们从一只成年绵羊的乳房里取出一个细胞的细胞核，再放到另一只绵羊去除了细胞核的卵细胞中，这个细胞经脉冲电刺激后开始分裂，并在后者绵羊的子宫里培育，最后分娩出一个同前者绵羊一模一样的子绵羊，他们还给这只小绵羊取名为"多莉"。

　　无性繁殖现象在低等植物中存在。而"多莉"是标准的哺乳动物，它的出现打破了生物界中的自然规律，引发了一场生命的"革命"。

维尔穆特研究小组操纵了"多莉"的胚胎发育和诞生过程。他们利用药物促使母羊排卵，然后将未受精的卵取出后放到一个极细的试管底部，再用另外一种更细的试管将羊卵膜刺破，从中吸出所有的染色体，这样就制成了具有活性但无遗传物质的卵空壳。接着，他们从"多莉"的母亲——一只6岁的母羊的乳腺中取出一个普通组织细胞，使乳腺细胞与没有遗传物质的卵细胞融合，通过电流刺激作用使两者结合成一个含有新的遗传物质的卵细胞。这个卵细胞在试管中开始分裂、繁殖、形成胚胎，

世界上首例克隆羊"多莉"

当胚胎生长到一定程度时，研究人员再将其植入母羊子宫内，使母羊怀孕并于去年7月产下"多莉"。

"多莉"是世界上第一个"克隆"出来的哺乳动物，它的特点在于它与它的母亲——那头6岁的母羊具有完全相同的

趣味点击　胚胎发育

胚胎发育通常是指从受精卵起到胚胎出离卵膜的一段过程。而无脊椎动物胚胎学家则常把其概念扩展到胎后发育直到性成熟，甚至整个生活史。

基因，可谓是它母亲的复制品。"多莉"的诞生意味着人们可以利用动物的一个组织细胞，像翻录磁带或复印文件一样，大量生产出完全相同的生命体。而哺乳动物界的自然规律是，动物的繁衍须由两性生殖细胞来完成，而且由父体和母体的遗传物质在后代体内各占一半，因

"多莉"羊和小羊

此后代绝对不是父母的复制品。

　　白白胖胖、一身卷毛的"多莉"虽然才7个多月大，却已有45千克重，它身体健康，活泼好动，跟一般的小羊没有什么区别。"多莉"是维尔穆特用他喜欢的乡村歌手多莉·帕顿的名字而命名的。由于"多莉"是用功能已彻底分化的成年动物细胞"克隆"成的，是世界上第一个动物复制品，因此它具有重大的价值。它既不会像普通羊那样被卖掉，更不会被人吃掉。但为了防止意外，它无法离开羊圈到大自然中吃草和玩耍，也无法像它的小伙伴们那样过上正常的生活。

　　被关在羊圈内的"多莉"全然不知自己的特殊身份，它像其他小羊一样吃草、睡觉和欢蹦乱跳，还在生育自己的母亲面前撒欢儿。"多莉"的母亲，共3只母羊：一个是为它提供卵细胞

拓展阅读

卵细胞

　　在高等生物上，卵细胞是由卵巢所产生的。所有哺乳类动物在出生时，卵巢内已经有未成熟的卵细胞存在，而且在出生后卵子数目不会增加。卵子和精子结合受精便形成受精卵，即一个新生命的开始。一些动物（例如鸟类）是进行体内受精的，而另一些动物（例如大部分的鱼类）则是进行体外受精。对人类的繁衍而言，必不可少的要数卵子了。卵子是人体最大的细胞，也是女性独有的细胞，是产生新生命的母细胞。

空壳的，一个是为它提供乳腺组织胞的，第三个母亲则为它提供了胚胎发育基地子宫。但从遗传的角度来说，为它提供组织细胞的那只6岁母羊才是"多莉"的母亲。不过，"多莉"只认生育它的那只母羊，尽管那只母羊的一张黑脸跟它并不一样，但"多莉"还是把它当作自己的亲生母亲。

　　罗斯林研究所的科学家们在以前曾用"克隆"方法繁殖出一些两栖类动物，但从未在哺乳类动物身上成功过。在绵羊的繁殖试验中，他们遭受了300多次失败，最终培育出"多莉"。

　　继1996年7月英国科学家克隆出"多莉"后，美国的研究人员在同年8月

克隆猕猴特拉

份用胚胎细胞克隆出 2 只猴子。其具体做法是，先用人工受精卵分裂成含有 8 个细胞的胚胎时，研究人员将 8 个细胞逐个分离。再将每个细胞中的遗传物质的卵细胞发育成胚胎后，再将其移植到母猴体内。利用这种方法，研究人员共培养成 9 个胚胎，移植后使 3 只母猴怀孕，其中 2 只母猴顺利产下小猴。美国科学家宣布这一结果后引起了强烈反响。尽管克隆猴是用胚胎细胞克隆而成，但由于猴跟人是十分接近的哺乳动物，所以这一结果无疑起到推波助澜的作用，使尚未平息的"克隆羊"风波又掀起了新的浪潮。"克隆羊"及"克隆猴"风波在全世界范围内引发了一场关于科学与伦理、科学与生命、科学与人类未来命运的大争论。

◐▶ 单亲雌核生殖

单亲雌核生殖指在没有精子的情况下使卵子发育成个体，雌核生殖俗称受精，指精子虽能正常地钻入和激活卵细胞，但精子的细胞核并未参与卵细胞的发育，使精子产生这种变化的诱变剂，可以是某些自然因子，也可以是某些实验因子。从遗传学角度看，雌核生殖类似于单性生殖。从克隆的角度来看，雌核生殖是一项无性克隆技术。

在自然界里，人们早已发现

你知道吗

雌核生殖

雌核生殖指在没有精子的情况下使卵子发育成个体。雌核生殖俗称假受精，意指精子虽能正常地钻入和激活卵细胞，但精子的细胞核并未参与卵细胞的发育，使精子产生这种变化的诱变剂，可以是某些自然因子，也可以是某些实验因子。从遗传学角度看，雌核生殖类似于单性生殖。从克隆的角度来看，雌核生殖是一项无性克隆技术。

在一些无脊椎动物中存在雌核生殖，后来发现有些品种的鱼也具有天然雌核生殖繁衍后代的能力。在哺乳动物中，据记载，偶尔发生老鼠的天然雌核生殖，但只能达到 1～2 细胞阶段。上述发现，已引起胚胎学家和遗传学家的极大兴趣，因此生物学家们已对诱导产生雌核心生殖的人工方法作了广泛的研究。

人工诱导雌核生殖，一方面必须首先使精子染色体失活，另一方面还得保持精子穿透和激活卵细胞启动发育的能力。早在 1911 年，研究人员成功地人工消除了精子染色体的活性。在两栖类研究中，研究人员利用辐射能对精子进行处理时发现，在适当的高辐射剂量下，能导致精子染色体完全失活，精子虽然能穿入卵细胞内，却只能起到激活卵细胞启动发育的作用，而不能和卵细胞结合，所以精子在这里是起到了刺激卵细胞发育的作用，成为科学家手中的牺牲品。

异种克隆羊

我国的胚胎生物学家利用针刺注血法，在癞蛤蟆离体产出的无膜卵细胞上，进行了人工单性发育的研究，并获得了世界上第一批没有"外祖父的癞蛤蟆个体"，证明了人工单性生殖的子裔是能够传种接代的。

二倍体化

二倍体化通常指单倍体的多核细胞中通过有性生殖生成二倍体核的过程。在实验中，可由异核体细胞中找到二倍体的核。除曲霉、青霉等子囊菌外，在黑粉菌和鬼伞属等担子菌中也可以见到这种现象。

凡雌核生殖的个体，都具有纯母系的单倍体染色体。因此，雌核生殖的生命力，依赖于卵细胞染色体的二倍体化。在一些天然的雌核生殖过程中，是由于卵母细胞的进一步成熟分裂通常受到限制，染色体数目减半受阻，而使雌核生殖个体成为二倍体。

所以人为地阻止卵母细胞分裂，均有可能使雌核二倍体化发育。

自从 20 世纪 70 年代中期起，鱼类雌核生殖研究非常活跃。这是因为对鱼类精子的处理方法简便易行，又易于施行体外授精的优点，由此雌核生殖在鱼类上具有潜在的经济效益，并日益引起人们的兴趣。

在两栖类、鱼类和哺乳类动物中，生物学家们早已开展人工诱导雌核生殖技术的研究。总的说来，要达到实验性二倍体雌核生殖，必须解决两个最主要的问题：第一是人为地使精细胞的遗传物质失活；第二是阻止雌性个体染色体数目的减少。

雌核生殖的鉴别是指人工或自然诱导的雌核生殖个体，经过一定的鉴定，以证明它确属雌核生殖的个体。换句话说，应证明精子在胚胎发育中确实没有在遗传方面作出贡献。鉴别雌核生殖的个体，通常以颜色、形态和生化等方面的指标为根据。通过细胞学的研究，无疑更能精确地判别雌核生殖。若是雌核生殖，其囊胚细胞中只出现一套来自雌核的染色体，否则，雌核和雄核染色体各占二分之一，得到的是杂交种。近年来，还运用了遗传标志的方法，来鉴别雌核生殖的二倍体化。

雌核生殖具有产生单性种群的能力。在同型雌性配子的品种中，雌核生产的所有后代，都应该是雌性个体（XX）；而在异型雌性配子（X 或 Y）的品种中，雌核生殖的后代，可能是雌性个体，也可能是雄性个体。

在人工诱导雌核生殖过程中，由于使精子染色体失活的处理，往往会导致基因突变。在两栖类和鱼类的发育中，即出现胚胎早期的死亡现象。故有人称之为"外源精子致死效应"。显然这种引起个体死亡的基因突变，属隐性致死突变型。致死效应决定于隐性致死突变基因在 2 个同源染色体上的状态。如果呈现相同等位基因情况，个体发育胚胎早期就会死亡。因此，雄核发育有可能为遗传学研究提供某些致死突变种的生物品系，成为个体发育研究和遗传育种实践的好材料。

雌核生殖的研究，自 20 世纪初以来，虽有某些方面的突破。但从目前的研究状况来看，不能不说它的进展还是比较缓慢的。造成这一局面的原因之一，可能与人工雌核生殖后裔的成活率较低有关。从研究过的一些鱼中，发现雌核生殖子代，多数于幼体阶段死亡。如雌核生殖的鲫鱼，在胚胎发育的前两周内，出现大量外观上畸形的个体，因此总的存活率大约只有50%。根据目前得到的情报，除仓鼠外，其他哺乳动物尚无雌核生殖成功的实例，还需要进一步研究。

总之，雌核生殖的研究，尚存在许多薄弱环节，有待进一步解决。尽管如此，近年来国内外在这方面的研究仍取得不少成就。在人工诱导雌核生殖的鱼中，获得了能够正常受精的雌性个体，并成功地得到了人工雌核生殖的第二代和第三代。我国在鲤鱼等品种上，在工人诱导雌核生殖和建立纯系方面也已获得成功。所以说，人工雌核生殖的技术和方法正在不断发展和日臻完善。作为细胞工程学手段之一，将有可能对解决遗传改良和生殖控制等关键性问题作出贡献，而在按照人们意愿改造和创新生命的进程中，将具有无可置疑的前景。

➧ 微生物克隆技术

在微生物界，克隆现象是相当普遍的，如单细胞生物和多细胞生物体中细胞的简单分裂等。微生物的克隆技术也不复杂。一般来说，微生物的生长需要大量的水分，需要较多地供给构成有机碳架的碳源，构成含氮物质的氮源，其次还需要一些含磷、镁、钾、钙、钠、硫等的盐类以及微量的铁、铜、锌、锰等元素。不同的微生物对营养物质的要求有很大的差异。有些微生物是"杂食性"的，可以用各种不同物质作为营养；有的微生物可以利用化学成分比较简单的物质，甚至可以在完全无机的环境中生长发育，从二氧化碳、氨及其他无机盐类合成它们的细胞物质。另外，有些微生物则需要一些现成的维生素、氨基酸、嘌呤碱及其他一些有机化合物才能生长。

有的微生物的生长不需要分子氧，这种微生物被称为厌氧微生物，它的培养应在密闭容器中进行。如生产沼气的甲烷菌的培养，是在有盖的沼气池或不通气的发酵罐中进行的。更多的工业微生物要在有氧的环境中生长，称为好氧微生物。培养这类微生物时要采取通气措施，以保证供给充分的氧气。

微生物细胞培养的方式又分为许多类型。所谓表面培养使用的是固体培养基，细胞位于固体培养基的表面，这种培养方式多用于菌种的分离、纯化、保藏和种子的制备。表面培养法多用在微生物学家的实验室中，这是因为虽然表面培养操作简便，设备简单，但也存在一些缺点，例如，不易保持培养环境条件的均一性。

一般来说，表面培养的方法是：将含有许多微生物的悬浮液稀释到一定比例后，接种到琼脂培养基的固本斜面上，经保温培养，可以得到单独孤立的菌落。这种单独的菌落可能是由单一细胞形成，因而获得纯种细胞系。生长在斜面上的菌体，在4℃下可以保藏3～6个月。青霉素最初投入工业生产的时候，就是采用这种表面培养法。

微生物细胞培养如果实行工业化，靠表面培养提供足够的生长表面是很困难的。就以青霉素来说，如果采用表面培养方法生产1千克青霉素就需要100万个容积为1升的培养瓶。这需要消耗大量的人力、能量和培育空间。所以在工业生产上，表面培养法很快被深层培养法所取代。

你知道吗

抗生素

抗生素是由微生物（包括细菌、真菌、放线菌属）或高等动植物在生活过程中所产生的具有抗病原体或其他活性的一类次级代谢产物，能干扰其他生活细胞发育功能的化学物质。临床常用的抗生素有微生物培养液中提取物以及用化学方法合成或半合成的化合物。目前已知天然抗生素不下万种。

深层培养法是一种适用于大规模生产的培养方式。采用深层培养法易于获得混合均一的菌体悬浮液，从而便于对系统进行监测控制。同时，深层培养法也容易放大到工业规模。深层培养法基本上克服了表面培养法的缺点，成为大量培养微生物的重要方法之一。在深层培养中，菌体在液体培养基中处于悬浮状态，空气中的氧气通过通气装置传入到细胞。

实验室里的小型分批深层培养，常采用摇瓶。将摇瓶瓶口封以多层纱布或用高分子滤膜以阻止空气中的杂菌或杂质进入瓶内，而空气可以透过瓶塞进入瓶内供菌体呼吸之用，摇瓶内盛培养基，经灭菌后接入菌种，然后，在摇床上保温振荡培养。摇瓶培养法是从实验到获取菌体的常用方法，也用作大规模生产的种子培养。

工业上大规模培养微生物一般是在大型发酵罐中进行的。大型罐具有提高氧利用率、减少动力消耗、节约投资和人力，并易于管理的优点。目前通用的气升式发酵罐最大容积达 3000 立方米。现在的培养罐一般采用计算机自动化控制，自动收集和分析数据，并实现最佳条件的控制。

在微生物细胞培养中，不能不提到同步培养法。在同步培养法中，通过控制环境条件，使细胞生长处于相同阶段，使得所有细胞同时进行分裂，即保持培养中的细胞处于同一生长阶段。同步培养法有利于了解单个微生物细胞和整个细胞群的生长或生理特性。

此外，通过对微生物生长和生理的深刻了解，可以使用一个培养罐来同时培养两个或两个以上的微生物细胞。在混合培养条件下，微生物之间存在各种关系。一种是互不相干，一种微生物细胞的生长不因另一种微生物细胞的存在而改变，如链球菌和乳酸杆菌的恒化培养。另一种是互生关系，两种菌相互提供对方生长所需的营养物质或消耗其生长抑制剂。例如，一种假单胞菌依赖甲烷作为其唯一碳源和能源，在有一种生丝微菌存在时，生长更好，前者生长时产生的甲醇对其生长和呼吸有抑制作用，而生丝微菌能消耗甲醇而消除抑制。还有，细菌可以产生酶来分解抗生素，使其同伴能够生长。还有的细菌产生的化合物为其同伴的碳源或能源，而有利于同伴的生长。

◐▶ 植物克隆技术

植物的无性繁殖在农业上早已被广泛采用，甚至有一些植物本身就能通过地下茎或地下根来繁殖新个体，"无心插柳柳成荫"便是一个例证。但人工的植物克隆过程却不这么简单。我们可以通过植物组织培养进行无性繁殖。

所谓植物组织培养就是在无菌条件下利用人工培养基对植物体的某一部分（包括原生质体、细胞、组织和器官）进行培养。根据所培养的植物材料不同，组织培养可分为5种类型，即愈伤组织培养、悬浮细胞培养、器官培养、茎尖分生组织培养和原生质体培养。通过植物组织培养进行的无性繁殖在作物脱毒和快速繁殖上都有广泛的应用。回顾其发展历程，是在无数科学家的不懈努力之下，才使这项技术趋于完善，趋于成熟。

植物组织培养

无论植物还是动物，都是由细胞构成的，细胞是生物体的基本结构单位和功能单位，如果具有有机体一样的条件时，每个细胞可以独立生活和发展。

在施莱登和施旺新发展起来的细胞学说的推动下，德国著名植物生理学家哈布兰特提出了高等植物的器官和组织可以不断分割，直到分为单个细胞的观点。他认为植物细胞具有全能性，就是说，任何具有完整细胞核的植物细胞，都拥有形成一个完整植株所必需的全部遗传信息。为了论证这一观点，他在无菌条件下培养高等植物的单个离体细胞，但没有一个细胞在培养中发生分裂。哈布兰特实验失败是必然的，因为当时对离体细胞培养条件的认识还非常有限。1904年，德国植物胚胎学家汉宁用萝卜和辣椒的胚胎进行培养，长成了小植株，首次获得胚胎培养成功。后来其他学者进行了一些探索性实验研究，直到20世纪30年代才出现突破性进展。

到了20世纪30年代中期，植物组织培养领域出现了两个重要发现，一是认识到B族维生素对植物生长具有重要意义，二是发现了生长素是一种天然的生长调节物质。这两个发现主要是怀特和高斯雷特通过实验验证的。1934年，怀特由番茄根建立了第一个活跃生长的无性系，使根的离体培养首次获得真正的成功。起初，他在实验中使用包含无机盐、酵母浸出液和蔗糖的培养基，后来他用3种B族维生素（吡哆醇、硫胺素和烟酸）取代酵母浸出液获得成功。与此同时，高斯雷特在山毛柳和黑杨等形成层组织的培养中发现，虽然在含有葡萄糖和盐酸半胱氨酸的溶液中，这些组织也可以不断增殖一段时间，但只在培养基中加入了 B 族维生素和生长素以后，山毛柳形成组织的生长才能显著增加。

在 20 世纪 40 年代和 50 年代，由于另外一类植物激素——细胞分裂素的发现，使得组织培养的技术更加完备。1948 年，在烟草茎切段和髓培养研究中，发现腺嘌呤或腺苷可以解除生长素对芽的抑制作用，并使烟草茎切段诱导形成芽，从而发现了腺嘌呤与生长素的比例是控制芽和根分化的决定因素之一。当这一比例高时，有利于形成芽；比例低时，有利于形成根。这一惊人的发现，成为植物组织培养中控制器官形成的激素模式，为植物组织培养作出了杰出贡献。随后，在寻找促进植物细胞分裂的物质中，1956 年发现了激动素，它和腺嘌呤有同样作用，可以促进芽的形成，而且效果更好。从那以后，都采用激动素或其类似物，如 6 - 苄基腺嘌呤玉米素、Zip 等代替腺嘌呤。后来证明，激素可调控器官发生的概念对于多数物种都可适用，只是由于在不同组织中这些激素的内源水平不同，因而对于某一具体的形态发生过程来说，它们所要求的外源激素水平也会有所不同。1956 年，在进行胡萝卜根愈伤组织的液体培养研究，发现其游离组织和小细胞团的悬浮液可长期继代培养，并于 1958 年以胡萝卜根的悬浮胞诱导分化成完整的小植株，从而证实了半个多世纪前哈布兰特提出的植物细胞全能性假说。这一成果大大加速了植物组织培养研究的发展。1965 年从烟草的单个细胞发育成了一个完整的植株，进一步证实了植物细胞的全能性。由于控制细胞生长和分化的需要，对培养基、激素和培养方法都进行了大量研究，研究出了广泛用于不同植物组织培养的培养基，也创立了多种培养方法，如微室悬滴培养法、看护培养法等。这一阶段技术上的突破为植物组织培养应用于农业、工业、医药等打下了良好的基础。这一阶段是植物组织培养的最关键时期，使之达到成熟的阶段，从而使植物组织培养进入黄金时期。

据统计，在 20 世纪 60 年代初期，全世界还只有十几个国家的少数实验室从事组织培养研究，但到了 70 年代，植物组织培养领域仍然空白的国家已经屈指可数。由于有了前面的理论基础和技术条件，加之在20世纪60年代用组织培养快速繁殖兰花获得巨大成功之后，极大地推动了植物组织培养的全面发展，微繁技术得到广泛应用。继兰花工厂化繁殖成功之后，快速

某种植物的基因图谱

繁殖开始用于重要的、经济价值高的、名特优作物新品种，如甘蔗、香蕉、柑橘、咖啡、苎麻、玫瑰、郁金香、菊花、牡丹、康乃馨、桉树、泡桐等。继马铃薯脱毒苗的研究成功，又能生产草莓、葡萄、大蒜、苹果、枣树等大量无性繁殖植物的脱毒苗应用于生产。仅据20世纪80年代初的统计，植物组织培养进行的无性繁殖所涉及的植物就已达数千种。

植物组织培养有着广阔的应用前景，这已为近年来日益增多的实践所证实。随着研究的深入，组织培养将会显示更多的作用。

首先，在人工种子的研究与产生方面，由于植物组织培养过程中发现有体细胞胚胎产生（在形态上类似于合子胚），如果给这种体细胞胚包上一层人工胚乳就能得到人工种子。人工种子在适当条件下也能像普通种子一样萌发并生长。大量繁殖体细胞胚胎并制成人工种子为无性繁殖开辟了崭新的领域。建立并发展人工种子技术可以快速繁殖一个优良品种或杂种，以保持它们的优良种性和整齐度。一些名贵品种、难以保存的种子资源、遗传性不稳定或育性不佳的材料，均可采用人工种子技术进行繁殖。人工种子体积小，仅几毫米，而通常离体繁殖的体是十几或几十厘米。

广角镜

抗虫棉

抗虫棉分为转基因单价抗虫棉和转基因双价抗虫棉。转基因单价抗虫棉是将一种细菌来源的、可专门破坏棉铃虫消化道的杀虫蛋白基因经过改造，转到了棉花中，使棉花细胞中存在这种杀虫蛋白质，专门破坏棉铃虫等鳞翅目害虫的消化系统，导致其死亡，而对人畜无害的一种抗虫棉花。

繁殖体小的人工种子，贮藏和运输均十分方便，而且可以像天然种子那样用机械在田间直接播种。

其次，在与基因工程相结合的研究与应用方面，近年来由于通过基因工程克隆了大量有用产物的基因，特别是干扰素、胰岛素等药物已达到工业化生产的规模，植物学科受到前所未有的震动，许多生物学家和生物化学家开始着手基因工程研究，试图按人们的需要来定向地改良作物。如将抗病、抗虫、抗盐碱的基因或增强农作物光合作用的基因导入一些重要的作物中，并通过组织培养进行无性繁殖来扩增所获得的具有优良性状的植株，从而尽快应用于生产中产生经济效益。目前已有抗虫棉、抗病毒的烟草用于实验，并引起了各方的广泛关注。

再次，在生产有用产物的研究与应用上，组织培养也有广阔的前景。植物几乎能生产人类所需要的一切天然有机化合物，如蛋白质、脂肪、糖类、药物、香料等，而这些化合物都是在细胞内合成的。因此，通过植物组织培养对植物的细胞、组织或器官进行无性繁殖，在人工控制的条件下有可能生产这些化合物。这个目标一旦实现，就会改变过去靠天、靠阳光种植作物的传统农业，而成为工厂化农业生产，并为人类进军其他星球建立空间工厂化农业提供粮食、药品等打下坚实基础。这个愿望，随着科技的发展一定能够实现。

由于环境污染的日益加剧，植物种质资源受到极大威胁，大量有用基因遭到灭顶之灾，特别是珍贵物种。用细胞和组织培养法低温保存种质，抢救有用基因的研究已引起世界各国科学家和政府的广泛重视，而且进展很快。像胡萝卜和烟草等植物的细胞悬浮物，在 $-196℃ \sim -20℃$ 的低温下贮藏数月，尚能恢复生长，再

你知道吗

香　料

香料主要指胡椒、丁香、肉豆蔻、肉桂等有芳香气味或防腐功能的热带植物。具有令人愉快的芳香气味，能用于调配香精的化合物或混合物。按其来源有天然香料和合成香料；按其用途有日用化学品用香料、食用香料和烟草香料之分。在化学工业中，全合成香料是作为精细化学品组织生产的。

生成植株。如果南方的橡胶资源库能通过这种方法予以保护，将为生产和研究提供源源不断的原材料。

最后是理论研究上的应用。理论是在实践的基础上总结并发展起来的，对实践具有一定指导作用，同时实践的发展又能推动理论研究的深入及更新。植物组织培养作为一门技术，在植物学的各个方面都得到了广泛应用，推动了植物遗传、生理、生化和病理学的研究，它已成为植物科学研究中的常规方法。

花药和花粉培养获得的单倍体和纯合二倍植物，是研究细胞遗传的极好材料。在细胞培养中容易引起变异和染色体变化，从而可得到作物的新类型，为研究染色体工程开辟新途径。

细胞是进行一切生理活动的场所，植物组织培养有利于了解植物的营养问题，对矿物质营养、有机营养、植物激素的作用机理等可进行深入研究，比自然条件下的实验条件易于控制，更能得出有说服力的结论。

采用细胞培养鉴定植物的抗病性也会变得简便有效，能很快得到结果。

我们可以看出，植物克隆技术已渗透到人民生活的各个方面，随着科技的发展，其应用前景将日益广阔。

动物克隆技术

我们都知道包括人类在内的高等动物，严格按照有性繁殖的方式繁衍后代，即分别来源于雌雄个体的卵细胞和精子细胞融合，形成受精卵，受精卵经过不断分裂最后孕育成一个新的个体。也就是说，在高等动物体内，只有受精卵能够实现细胞的全能性。这种有性生殖的后代分别继承了父母各一半的遗传信息。

鉴于此，科学家们设想，能不能借受精卵，甚至卵细胞实现动物细胞的全能性，使高等动物进行无性繁殖，以获得大量完全相同的动物"拷贝"。

我们已经知道，克隆为无性繁殖，即不需要精子参与，细胞或动物个体数量就可以不断地繁殖增多，好像是一种工业产品按一定模型不断复制一样，以这种方式复制出来的动物外形、性能和基因类型等完全一样。该项技术可以迅速加快良种家畜的繁殖，使大力发展畜牧业呈现出广阔的前景，也为发育生物学、遗传学等学科的研究和发展，进一步揭示生命的奥妙广开门路，提供方法。克隆哺乳动物的方法由简单到复杂有以下几种：

◎ 胚胎分割

将未着床的早期胚胎用显微手术的方法一分为二、一分为四或更多次地分割后，分别移植给受体内让其妊娠产仔。由 1 枚胚胎可以克隆为 2 个以上的后代，遗传性能完全一样。胚胎二分割已克隆出的动物有老鼠、兔子、山羊、绵羊、猪、牛和马等。我国除马以外，以上克隆动物都有。胚胎四分割的克隆动物有老鼠、绵羊、牛。我国胚胎四分割以上克隆动物均有。

转基因兔

◎ 胚胎细胞核移植

趣味点击　　分裂球

卵裂所产生的各代子细胞，称为分裂球。当胚胎发育到 4~8 个细胞的胚胎时，在显微镜下取出 1 或 2 个细胞（医学上通常称为分裂球）进行遗传学检查，并保持其完整性。

用显微手术的方法分离未着床的早期胚胎细胞（分裂球），将其单个细胞导入去除染色质的未受精的成熟的卵母细胞，经过电融合，让该卵母细胞胞质和导入的胚胎细胞核融合、分裂、发育为胚胎。将该胚胎移植给受体，让其妊娠产仔。理论上讲，一枚胚胎有多少个细胞，就可克隆出多少个后代。亦可将克隆出胚胎的细胞再经过核移植连续克隆出更多的胚胎，得到更多的克隆动物。目前胚胎细胞核移植克隆的动物有鼠、兔、山羊、绵羊、猪、牛和猴子等。我国除猴子以外，其他克隆动物都有，亦连续核移植克隆山羊。该技术比胚胎分割技术更进了一步，将克隆出更多的动物。因胚胎分割次数越多，每份细胞数越少，发育成个体的能力越差。

◎ 胚胎干细胞核移植

将胚胎或胎儿原始生细胞经过抑制分化培养，让其细胞数成倍增多，但细胞不分化，每个细胞仍具有发育成一个个体的能力。将该单个细胞利用以上核移植技术，将其导入除去染色质的成熟的卵母细胞内克隆胚胎，经移植至受体、妊娠、分娩、克隆动物产生。从胚胎理论上讲，可以克隆出成百或更多的动物，比以上胚胎细胞核移植可克隆出更多的动物。目前只有小老鼠分离克隆出胚胎干细胞系，克隆出小老鼠。牛、猪、羊、兔只分离克隆出胚胎类干细胞。该细胞移植已克隆出牛、猪、兔和山羊的后代。我国已分离出小鼠胚胎干细胞系，有嵌合体小老鼠产生；已分离出兔、牛和猪胚胎类干细胞，传至二代，但还未能产出个体。

知识小链接

分 化

分化是生物体发育过程中细胞和组织的结构与功能的变化。它是细胞在结构和功能上发生差异的过程。分化细胞获得并保持特化特征，合成特异性的蛋白质。

◎ 胎儿成纤维细胞核移植

由妊娠早期胎儿分离出胎儿成纤维细胞，采用核移植的方法克隆出胚胎，经移植受体，妊娠，分娩，克隆出动物个体。

核 移 植

核移植是将供体细胞核移入去核的卵母细胞中，使后者不经精子穿透等有性过程即可被激活、分裂并发育，让核供体的基因得到完全复制。培养一段时间后，再把发育中的卵母细胞移植到人或动物体内的方法。核移植的细胞来源主要分为：供体细胞来源和受体细胞的来源两种。核移植主要用于细胞移植和异种器官移植，细胞移植可以治疗由于细胞功能缺陷所引起的各种疾病。

◎ 体细胞核移植

将动物体细胞经过抑制培养细胞处于休眠状态，采用以上核移植的方法，将其导入去除染色质的成熟的卵母细胞克隆胚胎，经移植受体，妊娠产仔，克隆出动物个体。从理论上讲，这可以无限制地克隆出动物个体。该项技术的突破，有人讲可以和原子弹最初爆炸相提并论，其科学和生产应用价值巨大。

◎ 胚胎嵌合

将两枚胚胎细胞（同时或异种动物胚胎）变合共同发育成为一个胚胎为嵌合胚胎。将该胚胎移植给受体，妊娠产仔，如该仔畜具有以上两种动物胚胎的细胞称之为嵌合体动物。嵌合体一词起源于希腊神话，它是指狮头、羊身、龙尾的一种怪物。如同种类的黑鼠和白鼠胚胎嵌合，生下黑白相间的花小鼠。不同种的绵羊和山羊胚胎细胞嵌合，可生下绵山羊，既有绵羊的特征，又有山羊的特征。该技

克隆老鼠拉夫尔

术多应用于发育生物学、免疫学和医学动物模型等学科的研究。利用该项技术亦可检测动物胚胎干细胞的全能性，即将胚胎干细胞和同种动物胚胎嵌合，如生下嵌合体，包括生殖系在内组织细胞嵌合，即可确认该干细胞具有全能性。在畜牧业生产中亦具有重要意义，如对水貂、狐狸、绒鼠等毛皮动物，利用嵌合体可以得到按传统的交配或杂交法不能得到的皮毛花色后代，提高毛皮的商品性能，可以克服动物间杂交繁殖障碍，创造出新的物种。亦设想利用该项技术可以进行异种动物彼此妊娠产仔，加快珍稀动物的繁殖，如利用其他动物代替珍贵的大熊猫妊娠产仔，加快熊猫的繁殖，亦可通过该技术培育出含人类细胞的猪，使猪器官能为人类器官移植使用。亦可将外源基因导入一种细胞和胚胎相合，可以生下含该外源基因的嵌合体动物，亦可遗传下去，具有重要的研究和生产应用价值。

知识小链接

嵌 合 体

嵌合体是遗传学上用以指不同遗传性状嵌合或混杂表现的个体。它亦指染色体异常类型之一。有时也有同一器官出现不同性状的生物体的意思。

▶ 克隆人类

"多莉"它是由一头母羊的体细胞复制而成的。科学家认为，从理论上讲，这种基因工程技术可用来复制人类。果真如此的话，那么人类将面临十分尴尬的境地。人类究竟能否复制自己呢？

从理论上说，克隆人类是完全可能做到的，但事实并不那么简单。

技术是一把双刃利剑，利用得好可以给人类带来福音，利用得不好将带给人类无尽的灾难，问题的关键在于人类如何去利用技术和控制技术。

对"克隆人"的恐惧，多次地出现在科幻小说家的笔下。在这些作品中，科学家或通过"克隆"技术造出一群强壮冷漠、没有感情和个性，只知道执行命令的标准人。当然，复制爱因斯坦和贝多芬之类的大科学家、大艺术家，也成为科幻世界里"开辟"人类未来的途径之一。

事实上围绕着人的克隆问题的争论一直很激烈，因为它涉及社会伦理等多方面的问题。

首先，无性繁殖复制的人体，将彻底打乱世代的概念。克隆技术打乱了传统的生育观念和生育模式，使生育与男女结婚紧密联系的传统模式发生改变，降低了自然生殖过程在夫妇关系中的重要性，使人伦关系发生模糊、混乱乃至颠倒，进而冲击传统的家庭观以及权利与义务观。其中最主要的表现为对家庭这一社会主要细胞的破坏。从有性繁殖至无性繁殖，一旦扩及人类及每个人，影响极为深远，而且夫妻、父子等基本的社会人伦关系也会相应消失。从哲学上讲，这是对人性的否定。

克隆人与细胞核的供体既不是亲子关系，也不是兄弟姐妹的同胞关系。他们类似于"一卵多胎同胞"，但又存在代间年龄差。这将在伦理道德上无法定位，法律上的继承关系也将无以定位。假设"克隆人"解决了"生物学父母亲"的界定问题，试问"克隆人"有无在"生物学父母""代理母亲"和"社会父母"中选择父母和更换父母的自由？抚养"克隆人"的义务和权利归属于谁？"克隆人"对谁的遗产具有继承权？从医学伦理角度审视，可以发现这些父母都是不完全的父母和母亲，可以说是父将不父，母将不母，子将不子。在这种组合的家庭中，伦理的模糊、混乱和颠倒很容易导致心理上、感情上的扭曲，播下家庭悲剧的种子。

还有一种可怕的情况是，如果采用匿名或无名体细胞核，"克隆人"一出生就将成为"生物孤儿"，这对孩子是公平、道德的吗？无名或匿名体细胞核的大量应用加上卵子库的开放，弄得不好有可能孕育出一批批同父同母群、同父异母群和同母异父群，甚而近亲配偶群，并随着时间的推移形成恶性循环，增加人类基因库的负荷，影响人类生命质量。更有甚者，以某男子或女子的体细胞核为"种子"，可由其妻子、女儿、母亲或孙女孕育出"克隆人"，祖孙三代由同一来源的"种子"生出遗传性质完全相同的人，该是多么荒唐，多么令人不可思议。

其次，克隆人破坏了人的尊严。人们已经对"复制"人提出批评，因为它使人失去尊严。人在实验室里的器皿中像物品一样被制造出来，这样无性繁殖的人不是真正的人，而只是有人形的自动机器。每个生命都是独一无二的，都有独特的个人品性，"复制人"恰恰剥夺了这一点。

再次，人类生育模式由于克隆人技术的成熟，正在或将要经受新的考验。传统的生育模式无疑仍将占主要地位，但在某些特殊情况下，例如，对于患有遗传性疾病、先天性疾病和癌瘤易感家族以及在含有高剂量致突变物、致癌物和致畸物环境中工作和生活的人群，采用人工受精、胚胎移植或体外孕育等生育模式作为补充模式正受到人们的关注。尽管这些补充模式存在许多伦理道德问题，但从根本上说，由于没有脱离精卵结合进行生育的规则，在特殊情况下被应用还是可以得到理解的。"克隆人"一旦出现，将彻底打破人类生育的概念和传统生育模式，克隆人系无性繁殖，不仅打破了传统繁衍后代的规律，而且在深层次科学意义上彻底打破后代只能继承前辈的遗传性质却有别于前辈，复制出两个乃至众多遗传性质完全相同的人。传统生育模式中离不开男性和女性，他（她）们分别提供精子和卵子。现代生殖工程也遵循这种生育模式。"克隆人"的生育模式则完全不同，它不一定非要男性不可，也不需要精子，只要有体细胞核和卵子胞浆（即去核卵子）即可。这样，对于单身女子，可以取出自乳腺细胞的核，移植到自己的去核卵中形成重构卵，重构卵再移植到自己的输卵管中，即可发生正常的怀孕，在子宫里发育成胎儿并分娩。这种"自己生自己"

你知道吗

先天性疾病

先天性疾病就是一出生就有的病。母亲在怀孕期间接触有害环境因素，如农药、有机溶剂、重金属等化学品，或过量暴露在各种射线下，或服用某些药物，或染上某些病菌，甚至一些习惯爱好，如桑拿（蒸汽浴）和饮食癖好，都可能引起胎儿先天异常，但不属于遗传疾病。

的生育模式存在许多解决不了的难题。

　　另外，克隆人还可能造成人类的性别比例失调。人类在自然生育中性别比例基本保持1:1，这是携带 X 染色体的精子和携带 Y 染色体的精子与只携带 X 染色体的卵子有同等机会相结合之故。含 XX 染色体的受精卵发育成女孩，含 XY 染色体的受精卵则发育成男孩。

　　"克隆"技术仅是"复制"，而"两性"繁殖将出现基因的新的组合。克隆人会导致人类基因库的单一性，多样性的丧失，对人类的前途不利。从技术的角度而言，无性繁殖自有其限度。利用体细胞生产各种克隆体虽然数量有限，但质量无法保证。从遗传的角度而论，通过父母的结合使父母双方的遗传基因相混合，有可能使子女在质量上超过父母。单靠体细胞做无性繁殖，子女的质量根本无法超过母体。在自然界，生命繁殖开始时都是无性的，后来才发展成为有性。有性繁殖增加了变异的可能性。无性繁殖导致群体的每个个体都一样，从而增大了这个物种消灭的风险，而有性繁殖则使生物的可能的变异在群体中大大增加，从而增强了物种的竞争力、适应力，这是生物进化中非常重要的一步。生物需要多样性，人类同样需要多样性。如果人类都"优生"成为理想之人，很可能一种怪病毒就可能使全人类遭到灭顶之灾。据说英国患疯牛病的牛就是经长期"优生"出来的，但对疯牛病毫无抵抗力，倒是一种土牛不怕疯牛病，挽救了英国的畜牧业。而克隆技术将终止人类这种多样性进化的可能，也就终止了人类社会的发展，最终导致人类自身的毁灭。

基本小知识

遗传基因

　　遗传基因，也称为遗传因子，是指携带有遗传信息的 DNA 或 RNA 序列，是控制性状的基本遗传单位。基因通过指导蛋白质的合成来表达自己所携带的遗传信息，从而控制生物个体的性状表现。

　　克隆人的问题再一次说明，在技术上有可能做的不一定就是在伦理学上应该做的。虽然克隆人在技术上有可能，但在伦理学上不应该克隆人。因而，发展克隆技术，不要克隆人的方针是正确的。

�)我国的克隆成果

我国的科学家们一直是世界上最勤奋刻苦的科学家代表之一。我国的克隆技术处于世界先进水平。

我国已经成功克隆出鼠、兔、猪、牛、羊等哺乳动物。

1990 年 5 月，我国哺乳动物的核移植首先在山羊上取得突破。西北农大畜牧所的研究人员用 2 年的时间用核移植的办法得到了一只克隆山羊。

这是世界首批克隆山羊。山羊的核移植之所以在世界上没人攻克，因为存在着一些认识上的误区：山羊胚胎基因开始激活的时间比较早，核移植比较困难。经过大

体细胞克隆山羊

量的调查研究后我国科学家发现，这种说法在理论上是不成立的。

我国首批克隆牛

1992 年，江苏农科院培育成功了克隆兔子。1994 年 7 月，2 所大学的科研人员从黄牛的卵巢中取出未成熟的卵母细胞，在体外培养成熟后，吸出其细胞核。另一些培养成熟的卵细胞则用黑白花公牛的冷冻精液进行体外受精，得到体外精的杂种胚胎。将胚胎细胞打散为单个细胞后，再将一个细胞注入上述去核的卵母细胞卵周

隙内，用电激法把两者融合，融合后的克隆胚胎经体外培养9天后，将它植入同期发情的奶牛子宫内，经孕育成熟足月，就产下这头完全体外化的奶牛、黄牛杂种克隆牛。这是国内首例应用完全体外化技术进行的牛核移植。

1995年7月，华南师大与广西农大合作，通过核移植获得一头克隆牛。

1995年10月，我国首例6只克隆猪诞生。实验是首先把猪的胚胎用手术分成单个细胞，再到屠宰场取猪的卵巢，把卵母细胞取出来，进行体外培养成熟，再把卵母细胞染色质去掉，单个细胞用显微操作放进卵母细胞的卵周隙，进行电融合，细胞质和细胞核同时重新发育为一个胚胎，再用手术操作把胚胎移植到受体猪的输卵管里，妊娠产仔。专家们共移植了15头猪，有一头产了6只仔。

你知道吗

卵巢

卵巢是雌性动物的生殖器官。卵巢的功能是产生卵以及类固醇激素。卵巢的位置与睾丸相同，仅左侧发育（右侧已退化），呈葡萄状，均为处于不同发育时期的卵泡，卵泡呈黄色，卵巢表面密布血管。卵巢的大小与年龄和产卵期有关。

广角镜

体外受精

体外受精是指哺乳动物的精子和卵子在体外人工控制的环境中完成受精过程的技术。在生物学中，把体外受精胚胎移植到母体后获得的动物称试管动物。这项技术成功于20世纪50年代，在最近20年发展迅速，现已日趋成熟而成为一项重要且常规的动物繁殖生物技术。

1996年12月，6只克隆鼠在湖南医科大学人类生殖工程研究室又一次诞生。

1999年1月，中国科学家周琪在法国获得卵丘细胞克隆小鼠，在国际上首次验证了小鼠成年体细胞克隆工作的可重复性，于2000年5月用胚胎干细胞克隆出小鼠"哈尔滨"，并于2000年10月获得第一只不采用"多莉羊"专利技术的克隆牛。

中国科学院动物研究所研究员陈大元领导的小组将大熊猫的体细胞植入去核后的兔卵细胞中，成功地培育出了大熊猫的早期胚胎。

1999年和2000年扬州大学与中科院发育所合作，用携带外源基因的体细胞克隆出转基因的山羊。

2000年6月，中国西北农林科技大学利用成年山羊体细胞克隆出两只"克隆羊"，但其中一只因呼吸系统发育不良而夭折。据介绍，这次采用的克隆技术为该研究组自己研究所得，与克隆"多莉"的技术完全不同，这表明我国科学家也掌握了体细胞克隆的尖端技术。

2002年我国首批成年体细胞克隆牛群体诞生。

体细胞克隆猪

2005年8月，中国农业大学成功地获得我国第一头体细胞克隆猪，这是我国独立自主完成的首例体细胞克隆猪，填补了我国在这一领域的空白。这头克隆小香猪的诞生表明我国在此项研究上已经达到了国际先进水平。猪的体细胞克隆难度比牛、羊大得多，此前仅有英国、日本、美国、澳大利亚、韩国及德国获得过猪的体细胞克隆后代，我国因此成为第七个拥有自主克隆猪能力的国家。

2009年1月，山东省干细胞工程技术研究中心、烟台毓璜顶医院成功获得人体细胞克隆胚。此项研究中，12位30~35岁的健康志愿者提供了135枚卵母细胞，供核细胞有两种：健康人成纤维细胞与帕金森病患者的外周血淋巴细胞。研究者采用三维偏振光仪准确定位卵母细胞纺锤体，再用微激光对卵母细胞的透明带打孔，精确剔除卵母细胞核，然后将供核细胞注入去核的58枚卵母细胞内，融合后形成重构胚，最后共产生5枚囊胚，囊胚率为

19.2%。产生的囊胚经 STR – DNA 鉴定及线粒体 DNA 遗传多态性分析，证实胚胎细胞核的遗传信息来自供体细胞，胞浆线粒体遗传信息来自供体与受体细胞。

知识小链接

纤 维 细 胞

纤维细胞，结缔组织中数目较多的细胞，相对静止的细胞称纤维细胞；功能活跃的细胞称为成纤维细胞，又称纤维母细胞。

这是我国首次在国际上公开发表关于人体细胞克隆胚胎的文章。有专家认为，此项研究的意义在于应用帕金森病患者外周血淋巴细胞作为供体细胞也成功获得囊胚，使我国治疗性克隆研究取得了新的进展，为糖尿病、阿尔茨海默病、帕金森病等患者带来了新的希望。

人类基因组计划

在我们的思绪被压缩进纤细的、蛛丝般的微束之际，DNA——这"最重要的分子黄金"独一无二地决定了我们的一切。沿着它那精细的双螺旋链，生命的字母表以化学物质的形式被加以描绘，它们将决定我们是矮还是高、健康还是生病、聪明还是愚蠢。

人类基因组计划的含义

现代遗传学家认为，基因是DNA分子上具有遗传效应的特定核苷酸序列的总称，是具有遗传效应的DNA分子片段。基因位于染色体上，并在染色体上呈线性排列。基因的功能不仅可以通过复制把遗传信息传递给下一代，还可以使遗传信息得到表达。不同人种之间的头发、肤色、眼睛和鼻子等的不同，就是基因差异所致。

人类基因组由23条染色体，约30亿对核苷酸构成，大约有3万~4万个基因。1986年，著名生物学家、诺贝尔奖获得者雷纳托·杜尔贝科在《科学》杂志上率先提出"人类基因组计划"引起学术界巨大反响和热烈争论，经两次会议研究后，1988年美国国会批准由国立卫生研究院和能源署负责执行。1990年10月，美国政府决定出资30亿美元正式启动"人类基因组计划"。这是一项全球性的大型科学研究项目，对生命科学的发展具有巨大的理论价值和实用价值。基因组学作为一门新兴学科也应运而生。

遗传效应

遗传效应就是对蛋白质合成有直接或间接影响的部分，有遗传效应的DNA片段就是能够直接指导或间接调控蛋白质合成的碱基序列。研究发现，人体每个体细胞染色体DNA上共有碱基对三十亿个，其中绝大部分遗传信息并不会表达出来，同时对性状也没有直接的影响，这些我们称之为没有遗传效应的DNA片段，反之即为有遗传效应，称为基因。基因分编码区和非编码区两部分，而非编码区只能调节蛋白质的合成，但是无论是非编码区还是编码区对于生物性状的正常表达来说都是不可或缺的，因此都是基因的一部分，也就都有遗传效应。

此后成立了国际性组织——人类基因组组织，并由它组织国际性的合作研究。

1992年法国研究组，生产了

大量的遗传标记，并首先绘制出 21 号染色体长臂的重叠酵母人工染色体克隆，引起了科学界的轰动。1992 年在巴西还召开了第一次南北人类基因组会议，使发展中国家也参与了这项研究，并提出"人类遗传多样性项目"，得到与会各国支持。我国于 1993 年正式组织人类基因组研究，标志我国也正式参与

基因组图谱

了这一世界性宏伟的科学研究工程。两年后在上海和北京分别成立了国家人类基因组南、北两个研究中心。1999 年 7 月，我国在国际人类基因组注册，承担了其中 1% 的测序工作，即第 3 号染色体 3000 万个碱基的测序，简称"1% 项目"。

人工染色体

基本小知识

　　人工染色体指人工构建的含有天然染色体基本功能单位的载体系统。包括酵母人工染色体（YAC）、细菌人工染色体（BAC）、P1 派生人工染色体（PAC）、哺乳动物人工染色体（MAC）和人类游离人工染色体（HAEC）。人工染色体为基因组图谱制作、基因分离以及基因组序列分析提供了有用的工具。

　　2000 年 6 月 26 日，参与完成人类基因组计划的美、英、德、法、日和中国 6 个国家 16 个基因中心同时宣布人类基因组"草图"（工作框架图）完成。2001 年 2 月 12 日，人类基因组 DNA 全序列数据被正式公布。由多国合作小组的测序结果发表在英国《自然》杂志上。另外，Celera 公司的测序结果发表在 2001 年出版的美国《自然》杂志上。整个人类基因组的完成图于 2003

年 4 月绘制完毕。

人类基因组计划的目的在于阐明人类基因组 30 亿个碱基对的序列，发现所有人类基因并搞清楚其在染色体上的位置，破译人类全部遗传信息，从而最终弄清楚每种基因制造的蛋白质及其作用，使人类第一次在分子水平上全面地认识自我。

知识小链接

碱 基 对

碱基对是形成 DNA、RNA 单体以及编码遗传信息的化学结构。组成碱基对的碱基包括 A、G、T、C、U。严格地说，碱基对是一对相互匹配的碱基（即 A：T，G：C，A：U 相互作用）被氢键连接起来。然而，它常被用来衡量 DNA 和 RNA 的长度（尽管 RNA 是单链）。它还与核苷酸互换使用，尽管后者是由一个五碳糖、磷酸和一个碱基组成。

"人类基因组计划"被称为"人体第二张解剖图"。人体的解剖图告诉了我们人体的构成，主要器官的位置、结构与功能，所有组织与细胞的特点。而人类基因组计划绘成的第二张人体解剖图将成为疾病的预测、预防、诊断、治疗及个体医学的参照，将奠定 21 世纪生命科学、基础医学与生物产业的基础。

随着人类基因组逐渐被破译，一张生命之图已被绘就，人们的生活也将发生巨大变化。人类基因组共 31.647 亿 bp（bp 是 bose pair 的简称，也就是一个碱基对），约含 3 万~4 万个基因。基因药物已经走进人们的生活，利用基因治疗更多的疾病不再是一个奢望。因为随着我们对人类本身的了解迈上新的台阶，很多疾病的病因将被揭开，药物就会设计得更好，治疗方案就能"对症下药"，生活起居、饮食习惯有可能根据基因情况进行调整，人类的整体健康状况将会提高。

我国是承担国际人类基因组计划的唯一的发展中国家。参与完成人类基因组计划的 6 个国家中，除中国外其他均为发达国家。这标志着我国已掌握生命科学领域中最前沿的大片段基因组测序技术，在开发和利用宝贵的基因资源上已处于与世界发达国家同步的地位，在结构基因组学中占了一席之地。

我国人类基因组研究以研究疾病相关基因和重要生物功能基因的结构与功能研究为重点。我国开展人类基因组计划的起点较高，一开始就把结构与功能联系起来。经过几年的努力，我国在克隆神经性耳聋致病基因、多发性骨疣致病基因、肝癌相关基因、鼻咽癌相关基因和白血病诱导分化相关基因等方面取得了许多进展。

2000 年 4 月我国科学家率先完成了绝大部分测序任务，序列覆盖率达 90% 以上。2001 年 8 月，我国率先绘制出人类基因组 1% 的完成图。

"人类基因组计划"是一项改变世界的科学计划；也是一项深深影响我们每个人生活的科学计划。它将改变我们的哲学、伦理、法律等观念；它还将对社会、经济产生重大影响，而且这种影响现已显示于世。

人类基因组计划具有重大科学的、经济的和社会的价值。该计划的实施将极大地促进生命科学领域一系列基础研究的发展，阐明基因的结构与功能的关系，细胞的发育、生长、分化的分子机理，疾病发生的机理等；为人类自身疾病的诊断和治疗提供依据，为医药产业带来巨大的变化；促进生命科学与信息科学相结合，刺激相关学科与技术领域的发展，带动起一批新兴的高技术产业；

趣味点击　转基因

转基因技术是将人工分离和修饰过的基因导入生物体基因组中，由于导入基因的表达，引起生物体的性状的可遗传的修饰，这一技术称之为转基因技术。人们常说的"遗传工程""基因工程""遗传转化"均为转基因的同义词。经转基因技术修饰的生物体在媒体上常被称为"遗传修饰过的生物体"。

基因组研究中发展起来的技术、数据库及生物学资源，还将推动农业、畜牧业（转基因动、植物）、能源、环境等相关产业的发展，改变人类社会生产、生活和环境的面貌。

正是由于人类基因组计划在科学上的巨大意义和商业上的巨大价值，使得一些私营的基因公司也参与到这一计划中来，因而使这一计划完成的预计时间大大提前。人类基因组计划被称为生命科学的"登月计划"，然而正如美国《时代》周刊发表的文章所说，登月成功是直接的科学成就，不需要作进一步的注解，而人类基因组草图的完成仅仅是开始。这不只是因为这个草图只完成了 97% 的人类基因组序列的测定，仍有 3% 的序列需要时间去完成，更重要的是因为，即使完成了全部的测定任务，我们还不能立刻读懂这本"生命之书"。要真正读懂这本大书，还有很长的路要走。

人类基因组计划被称为生命科学的"登月计划"，但它对人类自身的影响，将远远超过当年针对月球的登月计划。

人体基因的重大发现

◎ 全色盲基因

20 世纪 70 年代科学家们发现，在太平洋的一个小岛上，居住着一群奇特的居民。这个岛上每 20 个人中就有一名全色盲者，而在世界范围内，则是每 5 万人中才有一名色盲患者。这个岛上的色盲人

色盲遗传规律

与一般的色盲人不同，他们不仅不能正确识别颜色，而且完全看不见颜色。他们看这个世界，就像看黑白电视机一样。

　　这一奇怪而有趣的现象，引起了科学家们的注意。经过30年的探索，科学家们终于找到了引起全色盲的基因。尽管目前还没有找到治愈这种病的办法，但是科学家们可以帮助人们避免出生色盲患儿。由于先天性全色盲症一般属于染色体隐性遗传，同代发病率为24.4%。根据这种病的遗传规律，科学家们就可以告诉岛上居民，应禁止近亲结婚，提倡与岛外居民结婚，尽量避免引发孩子再患全色盲的危险。

◎ 先天性近视眼基因

　　上海医科大学的一位教授，利用老鼠模型进行数量遗传和多基因定位研究。他发现，先天性近视眼患者的眼球比正常人大。为寻找原因，他利用老鼠模型对此问题进行了深入研究。经过近一年的研究，他首次发现了两个控制老鼠眼球大小的基因：eye1 和 eye2。其中，eye1 位于第5号染色体上，eye2 位于第7号染色体上。研究结果表明，有 eye1 和 eye2 基因的老鼠眼球比没有这两个基因的老鼠的眼球平均增重0.5毫克。由此说明，这两个基因的有无决定了老鼠眼球的大小，有这2个基因眼球就大，反之则小。虽然老鼠模型不能完全等同于人，但老鼠模型和人很相似，所以这为寻找先天性近视眼的"元凶"提供了强有力的实验依据。

◎ 与心脏病有关的基因

　　加拿大的科学家经过几年的实验，终于找到了一种心脏病致病基因，从而为预防和治疗人类心脏病带来了希望。

　　加拿大安大略癌症研究所的一个科研小组在实验中发现，

> **趣味点击　心血管疾病**
>
> 　　心血管疾病，又称为循环系统疾病，是一系列涉及循环系统的疾病。循环系统指人体内运送血液的器官和组织，主要包括心脏、血管（动脉、静脉、微血管），可以细分为急性和慢性，一般都是与动脉硬化有关。这些疾病都有着相似的病因、病发过程及治疗方法。

带有一种叫作 P56LCK 基因的人容易患心脏病。这种基因能够通过感冒病毒进入心脏，导致心肌坏死。为了证实这一推测，研究人员在 6 年时间里从人体内逐步分离和确定出 P56LCK 基因，并在白鼠身上进行实验。结果发现，一旦注入感冒病毒时，体内不存在 P56LCK 基因的白鼠的心肌遭到严重损害，它们多数死亡，其余则患上慢性心脏病。因此，这进一步证明 P56LCK 基因是一种心脏病致病基因。

◎ 致癌基因与抑癌基因

经过科学家们的不懈努力，迄今发现癌基因有两种类型：一种是病毒癌基因，来自于病毒；另一种是细胞癌基因，或称原癌基因，来自于宿主细胞。

关于病毒癌基因，早在 1911 年专家茹斯从病鸡身上分离到鸡的肉瘤病毒，他将这种病毒注入幼鸡体内，几天以后鸡就会出现肉眼可见的纤维肉瘤；如果用这种病毒在体外感染胚胎或纤维细

你知道吗

病毒癌基因

病毒癌基因是存在于病毒（大多是逆转录病毒）基因组中能使靶细胞发生恶性转化的基因。它不编码病毒结构成分，对病毒无复制作用，但是当受到外界的条件激活时可产生诱导肿瘤发生的作用。

胞，24 小时就可以诱发出表型转化，出现肉瘤。

近年来的研究已经证明，白血癌病毒和鸡的肉瘤病毒都是 RNA 肿瘤病毒，都具有致癌基因。例如，鸡的肉瘤病毒，具有癌基因 V－SRC，它编码一种蛋白质激酶，能使细胞质膜上的蛋白质磷酸化，促进细胞的无限生长，从而形成肿瘤。此外，人们还发现一些致癌性 DNA 病毒，如乳头瘤病毒、多瘤病毒等均有致癌作用。据研究，人类的恶性肿瘤约有 5% 是由病毒引起的。

细胞癌基因是在 1969 年由美国学者希布纳和托达罗首先提出的。他们认为在所有细胞中都包含致癌病毒的全部遗传信息，这些遗传信息代代相传，

其中与致癌有关的信息称为癌基因。在通常情况下，癌基因处于被遏阻状态，只有当细胞内有关的调节机制遭到破坏的情况下癌基因才表达，从而导致细胞发生癌变。到了 20 世纪 80 年代初，由于重组 DNA 技术和哺乳动物细胞转化技术的发展，人们陆续发现在脊椎动物（包括人类在内）的细胞中都有类似病毒癌基因的同源 DNA

癌细胞

顺序，这些顺序称为原癌基因或细胞癌基因，它来源于正常的细胞基因。原癌基因是细胞固有的基因成分，正常情况下它不仅对细胞无害，而且具有重要的生理功能。当吸烟、病毒感染、紫外线照射时，原癌基因就有一种突变或异常的形式表达，此时原癌基因就成了癌基因。

　　无独有偶，人们近年来又发现有抑癌基因。

　　意大利米兰欧洲肿瘤研究所的一个研究小组发现，一种被称为 PML 的基因能阻止肿瘤细胞的生成。进一步研究结果显示，当一个细胞出现变异迹象时，PML 基因很快就会"感觉"，并被激活，继而它又会作用于 P19 和 P53 两种基因，这两种基因有抑制肿瘤细胞形成的功能。因此，在 PML 基因产物增加时，基因 P53 和 P19 被激活，肿瘤细胞随之死亡。

　　由此我们可以看出，虽然目前科学家们还没有找到彻底治愈癌症的有效方法，但人们已有了许多预防癌症的有效措施。

◎ 肥胖基因和苗条蛋白

　　现在人们的生活水平提高了，许多人都在注意减肥。人们过去通常认为肥胖主要与饮食和环境因素有关系。其实，肥胖是一个复杂的生理和病理过程，与多种严重危害人类健康的疾病有密切关系。近几年来，人们认识到肥胖也与基因有关系。

　　我们经常会遇到这样的现象：为什么吃同样的东西，有些人胖，有些人

趣味点击　下丘脑

下丘脑又称丘脑下部。位于大脑腹面、丘脑的下方，是调节内脏活动和内分泌活动的较高级神经中枢所在。通常将下丘脑从前向后分为三个区：视上部位于视交叉上方，由视上核和室旁核所组成；结节部位于漏斗的后方；乳头部位于乳头体。下丘脑位于丘脑下钩的下方，构成第三脑室的下壁，界限不甚分明，向下延伸与垂体柄相连。下丘脑面积虽小，但它是内分泌系统和神经系统的中心。它们能调节垂体前叶功能，合成神经垂体激素及控制自主神经和植物神经功能。

瘦呢？这暗示了可能与不同人的遗传基因差别有关。通过对老鼠的研究，科学家们发现 5 种单基因突变可以引起老鼠遗传性肥胖。其中最受重视的是肥胖基因，命名为 Ob 基因。1994 年底弗里德曼成功克隆了老鼠的 Ob 基因，并确定了其所编码的蛋白质。Ob 基因位于老鼠的第 6 对染色体上，它仅在白色脂肪组织中得到表达，编码的蛋白可作用于下丘脑，产生抑制摄食、减轻肥胖、减少体重的效应。所以有人称这种蛋白为"苗条蛋白"或"瘦小素"。如果把"瘦小素"移植到老鼠身上验证，就会发现老鼠体重会下降 12%，这说明人体如果有了"瘦小素"以后，就有可能既可满足食欲，又不会长胖。但在人身上的作用究竟如何呢？这还需要进一步的试验。Ob 基因既然编码"瘦小素"，又为什么叫肥胖基因呢？因为 Ob 基因发生突变或者"瘦小素"发生变化以后，都能引起小老鼠或大老鼠发生肥胖。至于人类的肥胖症是否与肥胖基因突变有关，尚待科学家们进一步的研究。

◎ 人类性格基因

我们知道，有的人性格开朗，有的人沉闷，有的人爱生气……人类性格的这种差别，根源到底是什么呢？有人会说，这是由遗传和环境决定的。但是，这又是怎么决定的呢？一般的观点是，人的外貌是由遗传决定的，而人的性格则是由环境所造成的。然而，我们不禁要问，难道人的外貌就没有环境的作用？难道人的性格和遗传就没有任何关系吗？

近年来，科学家们在寻找人类性格基因方面迈出了重要一步。研究发现有的人具有暴躁、好奇、冲动、好走极端等性格基因，发现这种基因后，科学家们就可以对症治疗或设法缓解病人的症状了。性格基因最突出的是自杀基因，这个基因与家族遗传有关。

科学家们还发现了"忠诚基因"。美国埃默尔大学的科学家

你知道吗

基因组图谱

基因组图谱是一种生物全基因组结构的图谱。按建立图谱的研究目的和精细程度，可以有不同的形式，包括以遗传学方法建立的遗传连锁图谱，按距离绘出基因位置分布的物理图谱，经测定核酸序列建立的核苷酸序列图谱，以及标记出可表达序列的转录图谱等。

们发现了一种与普通老鼠不同的大草原田鼠。这种田鼠对配偶极为忠诚，它们全都对"妻子"从一而终，这引起了科学家们的注意。他们通过 DNA 分析，发现大草原田鼠的 DNA 链中有一种基因，专门负责使它们一辈子只忠诚一个配偶，并且对孩子悉心照料。进一步研究，科学家们把这种基因注入普通老鼠体内，结果发现，普通老鼠也具备了大草原田鼠的这种特点。

科学家们对首次发现这种基因十分兴奋，因为他们不但在老鼠身上取得了实验成功，而且在灵长类动物身上也很奏效。这足以证明在人体上也有同样的情况发生。因此，从理论上来说，人的性格可以先天定。

▶ 绘制生命图谱

人类基因组计划就是"解读"人的基因组上的所有基因。由于我们人类的基因组是 23 条染色体，但因为 X 与 Y 染色体不同源，所以人类基因组计划的最终目的就是分析这 24 条（22 条常染色体和 X、Y 性染色体）DNA 分子中 4 种碱基的排列顺序，并了解它们的功能。但是，人类基因组共含有 3 ×

10^9 个碱基对，24 条 DNA 分子连接起来约 1 米多长。这么长的 DNA 分子，就像要搞清"长城"上的每块"砖头"（碱基）一样，要把如此巨大的 DNA 分子的碱基序列全部准确无误地读出来，那将是一个非常困难的任务。

为了解决测定人类基因组全序列这一难题，科学家们采取了两步走的策略。第一步叫作"作图"；第二步就是"测序"。"作图"就是"基因定位"，即确定每个基因在染色体上的位置及其碱基序列。如果把基因组比作是哥伦布刚刚发现的美洲大陆，作图就是绘制新大陆的地图。我们都知道地图有很多种，有自然区划图、行政区划图等，每种地图的用途不同，其比例标尺与精细程度也不同。绘制人类基因组图谱，也由于对染色体描写程度的不同，因而其显示的作用也有区别，对科学家们来说需要绘制四张基因图。因此，人类基因组计划分两个阶段进行，第一阶段叫 DNA 序列前计划，主要是绘制遗传图谱和物理图谱；第二阶段叫 DNA 序列计划，主要是"测序"，绘制序列图谱和转录图谱。序列图是搞清人类基因组图谱最基础的核心内容，这张图谱最重要，也是最"值钱"的一张图。

◎ 遗传图——标记 DNA 分子的基因位点

在电视剧里常常播放这样的故事：人们中间流传着一批宝藏埋藏在某个地方，有些人想得到它，那最需要的是什么呢？当然是藏宝图了，因为有了这张藏宝图，就可以知道宝藏放在什么地方，以及寻找宝藏的路线。因此，人们为了获取藏宝图而争斗不已。在基因组的研究中，遗传图谱就相当于基因组的"藏宝图"，这张"地图"标定得越细，对基因组中的角角落落就知道得越清楚，也就越容易找到所要的"宝藏"——基因。

遗传图谱也叫连锁图谱或遗传连锁图谱。它是以某个遗

趣味点击　厘摩

定义：重组频率的测量单位。1 个厘摩定义为重组频率 100 次中发生 1 次。换句话说，若两个基因间相距 1 个厘摩，那么其后代与父母相比，有 1% 的个体具有不同的等位基因频率。

传位点具有的等位基因作为遗传标记，以此为"路标"，以遗传学上的距离（也叫遗传距离，其单位以厘摩表示），为"路标"之间的距离。遗传距离是以两个遗传位点之间进行交换，发生的基因重组的百分率来确定时，重组率为 1%，即 1 个厘摩。根据遗传距离就可以绘制出基因在染色体上的遗传图谱。在同一条染色体上的两个基因，它们发生互换和重组的几率越大，说明它们之间的遗传距离越远；相反，遗传距离就越近。遗传距离不是一个具体的计量单位，而是人们设想的相对距离单位，以此作为遗传标记的距离。我们知道，在人类基因中，有些基因是稳定遗传的，科学家们已搞清它们在某条染色体上所在的位置，这样可以利用这个基因作为标记基因的位点。如 ABO 血型基因、Rh 血型基因和人类白细胞抗原（HLA）基因等都可以作为标记基因位点。然后，利用这些基因检测与其他基因是否有连锁关系，如果有连锁关系，说明它们在一条染色体上，再根据重组率确定它们之间的遗传距离，这样便可以绘出染色体遗传图。

不难看出，建立人类遗传图的关键是要有足够多的遗传标记。但目前人们所知的这样的遗传标记信息量不足，而人类的基因组又很大，不能像制作细菌的遗传图那样，仅仅根据有限的遗传标记就可以完成，这样，就限制了人类基因组的遗传分析工作。幸运的是随着 DNA 重组技术的发展，科学家们开展了以限制性片段长度多态性的分子标记工作，并已实现了遗传分析的自动化。1991 年，遗传标记开始了用自动化操作。到了 1994 年，美国麻省理工学院的科学家们已经可以用一天的时间对基因组进行 15 万个碱基对的分析，这就大大提高了绘制遗传图谱的速度。至 1996 年初，所建立的遗传图已含有 6000 多个遗传标记，平均分辨率即两个遗传标记间的平均距离为 0.7 厘摩。过去人们一直认为，很难绘制成人类自身的遗传图，但今天人类终于有了自己的一张较为详尽的遗传图。想一想，有 6000 多个遗传标记作为"路标"，把基因组分成 6000 多个区域，只要以连锁分析的方法，找到某一表现型的基因与其中一种遗传标记邻近的证据，就可以把这一基因定位于这一标记所界定的区域内。这样，如果想确定与某种已知疾病有关的基因，即可以根据决定疾病性状的位点与选定的遗传标记之间的遗传距离，来确定与疾病相关的基因在基因组中的位置。

◎ 物理图——确定 DNA 分子的"里程碑"

　　物理图是基因组计划的第二张图。物理图是一种以"物理标记"作为"路标"，确定基因在 DNA 分子上的具体位置的基因图谱。它与遗传图不同的是把基因在染色体上的位置再标记到 DNA 分子上。物理图的制作目标与遗传图相似，只是它们所选择的"路标"和"图距"的单位有所不同。物理图的"路标"是 STS（序列标签位点）。每个 STS 约有 300 个碱基的长度，在整个基因图组中仅仅出现一次。"图距"的单位是 bp（1bp 即表示一个碱基对）、kb（1kb = 1000bp）和 Mb（1Mb = 100 万 bp）。物理图与遗传图相互参照就可以把遗传学的信息转化为物理学信息。如遗传图某一区的大小为多少厘摩可以具体折算物理图为某一区域大小为多少 Mb。绘制物理图的"路标"需要筛选大量的物理标记以及进行大量复杂和繁琐的分析。据估算，绘制物理图谱要进行 1500 万个分析，一个研究人员即便每周连续工作 7 天也要工作几百年。幸运的是，现在有了一种大型仪器，可同时进行 15 万个分析，研究者仅用 1 年的时间就能筛选出足够的遗传标记。1995 年，第一张被称作 STS 为物理标记的物理图谱问世，它包括了 94% 的基因组的 1.5 万多个标记位点，平均间距为 200kb（这就是所谓的分辨率）。这样，物理图就把人类庞大的基因组分成具有界标的 1.5 万个小区域。

那么，物理图谱是怎么绘制的呢？

有两项技术为绘制精细的染色体物理图谱奠定了基础。第一项是利用流式细胞仪进行染色体的分离。处在细胞分裂时期的染色体是一种致密和稳定的形体结构，在温和条件下使细胞破裂，释放出完整的染色体。当染色体流过激光检测器时，按照其 DNA 含量的不同，可以把每条染色体分开收集起来，这样，就可以给每条染色体制作一个基因文库。第二项技术是体细胞杂交，即把人的细胞与小老鼠的肿瘤细胞融合在一起。这种"杂种细胞"在培养的过程中，由于细胞分裂时人的染色体分裂慢，老鼠的染色体分裂快，于是逐步把人的染色体排斥掉，最后只剩下一条人的染色体时细胞就比较稳定了。把这种带有某一条人的染色体的杂种细胞进行传代培养，就得到一系列细胞系，每个细胞多一条人的染色体。这样的细胞系对于把某个基因或 DNA 片段迅速定位到染色体上是非常重要的。例如，当杂种细胞保留了人类第 1 号染色体时，能够形成肽酶 C；如果丢了第 1 号染色体，则不能形成肽酶 C。所以，可以认为控制肽酶 C 合成的基因位于第 1 号染色体上。

人们采用上述方法分别得到每一条染色体以后，便可以提取出每条染色体的 DNA 分子，这样就为 DNA 分析奠定了基础。

你知道吗

激光检测器

激光检测器，是利用激光扫描检测原理而研制的，它主要由光学机械扫描器和扫描光学系统组成的激光扫描发射器，由接收光学系统和光电转换电子学系统构成的激光扫描接收器，以单片机为核心的实时控制与数据处理系统构成的控制器以及半导体激光电源组成。

由于染色体的 DNA 分子很长，所以先用限制性内切酶切割成一定长度的 DNA 片段，然后对每一 DNA 片段再进行分析。因此在进行 DNA 序列分析之前，先绘制一种分辨率比较低的物理图谱——"大尺度限制性图谱"。用识别位点出现频率很低的限制性内切酶对染色体 DNA 进行切割，得到大片段 DNA，用脉冲电泳进行分离，然后再把这些片段在染色体上的位置排出来，就会得到一系列由限制性内切酶位点分布和排列特征的染色体 DNA 的物理图谱。以上就是物理图谱的另一含义——"铺路轨"。这种图谱比较粗略，不能对特定基因进行精细定位。依据这种图谱可以把特定的 DNA 序列片段定位到 100kb 到 1Mb 的区域。

科学家们发现了一种绘制精细物理图谱的方法。他们利用酵母人工染色体和细菌人工染色体，可以构建出克隆携带 1Mb 染色体 DNA 片段的文库。所谓"文库"即包括染色体上所有 DNA 片段的无性繁殖（即克隆）系，它含有整个染色体的遗传信息。这样，每个染色体只需要少量克隆就可以覆盖全部 DNA 分子。用一种短而独特的 DNA 序列片段（STS）作为分子标记，这种序列标记的位点可以用来把基因文库里的克隆按照其携带的染色体 DNA 片段在染色体上的实际位置进行排序。对这些大片段（1Mb）还可以进行亚克隆，最后得到一系列可以直接用于测序的小片段 DNA 克隆。

我们可以比较一下各种基因组图谱。遗传图是以各个遗传标记之间的重组频率为定位的尺度，因而是一种最粗略的图谱。物理图谱里，限制性内切酶图谱是以 1Mb 到 2Mb 为尺度的；由酵母人工染色体克隆排序组成的物理图谱分辨尺度是 40kb。物理图谱的分辨与精细程度随着科学技术发展而不断提高，物理图谱的最终形式就是 DNA 碱基序列本身。

知识小链接

酵母人工染色体

酵母人工染色体是利用酿酒酵母的染色体的复制元件构建的载体，其工作环境也是在酿酒酵母中。酿酒酵母的形态为扁圆形和卵形，生长的代时为 90 分钟。

人类基因组物理图的问世是基因组计划中的一个重要里程碑，被遗传学家誉为 20 世纪的"生命周期表"。与化学家门捷列夫在 100 多年前所发现的"元素周期表"相比，"生命周期表"意义同样重大和深远。在遗传图上，我们只能确定某一基因的大致位置范围。而遗传图与物理图相结合时，我们便能迅速确定这一基因在 DNA 分子上的确切位点。

◎ 序列图——揭开 DNA 分子的内幕

序列图是在物理图基础上的进一步升华，是最全面、最详尽的物理图，也是人类基因组计划中定时、定量、定质的艰巨的任务。

人类基因组 DNA 序列图的绘制工作，可以做这样的比喻：假如说人们只穿 4 种颜色的衣服：红、绿、蓝、黑，人类基因组计划就相当于把世界上 30 亿人所穿的衣服都搞清楚，而且注明位置顺序，如所在的国家、城市、街道、楼房、房间。人类基因组 DNA 序列图的绘制，是在上述两张图的基础上，采取了"分而胜之"的"从克隆到克隆"的策略。科学家们根据已在人类基因组中不同区域定好位置的标记（也就是遗传图的"遗传标记"和物理图的"物理标记"），来找到对应的人类基因组"DNA 大片段的克隆"。这些克隆是相互重叠的。再分别用仪器测定每一个克隆的 DNA 顺序，把它们按照相互重叠的"相邻片段群"搭连起来，这样便测出了 DNA 的全序列。

为了测定这些大批段 DNA 克隆的序列，要将这些 DNA 克隆按遗传图与物理图的标记，切成 1000 个左右的核苷酸小片段，再"装"到一种细菌质粒的"载体"上，送进细菌中克隆，大规模地培养细菌，再从细菌中提取这些克隆的 DNA。这些克隆的 DNA 将作为测序的"模板"。这些 DNA 要求质量上很纯，数量上准确，还不能相互混杂。

在 DNA 模板制备好了以后，就要进入测序工作。第一步是"测序反应"。简单地说，是以要测的 DNA 为模板，重新合成一条新链，分别用不同颜色的荧光物质标记上。这样如果一段序列的一个位点上是 A，就将代表 A 的荧光物质标记在 A 的后面。这好比一个姓 T 的人手中拿着红灯笼；一个姓 A 的人拿着绿灯笼；一个姓 G 的人拿着黑灯笼；一个姓 C 的人拿着蓝灯笼。这样在黑夜里，从灯笼的颜色我们就可知道是谁了。同样道理，由 4 种碱基形成的长度相差一个核苷酸的新 DNA 链，从结尾碱基显现出来的不同颜色的荧光，便可认定是：或 A、或 T、或 G、或 C。

测序反应做好后，第二步是上"自动测序仪"分析。自动测序仪能将长度仅相差一个碱基的 DNA 片段一一分开，由于不同片段"尾巴"的核苷酸已标有不同颜色的荧光染料，这样我们便可以很直观地读出 A、T、G、C 的排列顺序。

这些序列通过电脑加工，检查质量，再用一些特殊的电脑程序，将相互重叠的序列搭连起来。要确定每一位置上的核苷酸，至少要测定 5～10 次。如果中间有"空洞"，也就是有漏掉的测序核苷酸，还要将这些"空洞"用各种技术"补"起来，最后形成一个大片段克隆序列。这些序列片段再根据"相邻片段群"的重叠部分搭连起来，就组合成了一个染色体区域或一个染色体完整序列。如果将人类基因组的 24 条染色体的 DNA 序列全部测完，并绘制出序列图，这时人类基因组序列图谱才算大功告成了。

1999 年 12 月 1 日，由美、日、英等国家的 216 位科学家组成的人类基因组计划联合研究小组宣布：已将人类第 22 号染色体的 3340 万个碱基序列全部确定。这是人类基因组计划中完成的第一条染色体序列测定工作，由此，人类便打开了通向微观生命世界的大门，并为从根本上了解疾病的发病原因和人体生命活动的机理打下坚实的基础，这是有史以来人类在生物学领域迈出的最重要的一步。

◎ 转录图——书写 DNA 分子的生命乐章

转录图是基因组计划的第四张图。转录图就像生命的乐章，是一张极为重要的图谱。我们知道，只完成人类基因组 DNA 序列图谱是不够的，因为这些序列究竟起什么作用，怎么起作用，这是必须要解决的问题之一，否则序列图是没有意义的。只有搞清这些序列的功能，才能了解序列图的真谛。

整个人类基因组虽然有 30 亿个碱基对，但只有 2%～3% 的 DNA 序列具有编码蛋白质的功能（约有 10 万个基因），而在某一组织中又仅有其中 10% 的基因（约 1 万个）是表达的，其他的基因都处于"休眠"状态，像冬眠的动物一样。我们知道，基因表达的第一阶段就是"转录"。如果能把这些表达的基因制成一个转录图，那我们就能清楚地知道不同组织的基因表达有什么差异；不同时期同一组织的基因表达又有什么不同；不同基因在不同组织中是表达还是沉默，表达水平是高还是低；身体在异常状态下（如病变、受刺激等）基因的表达情况与正常相比有什么不同⋯⋯这些是科学家们最关心、最感兴趣的问题，也是人们对各种疾病进行深入研究的基础。

那么，怎样绘制转录图呢？

前面提到，生物性状是由结构蛋白或功能蛋白决定的。结构蛋白如动物组织蛋白、谷类蛋白等是构成生物体的组成部分；功能蛋白像酶和激素等在生物体新陈代谢中起催化和调节的作用，这些蛋白质都是由信使 RNA 编码的。信使 RNA 是由编码蛋白功能基因转录而来的，转录图就是测定这些可表达片段的标记图。如果说在人体某一特定的组织中仅有 10% 的基因被表达，

拓展阅读

转录图

基因转录图是把细胞内染色体或 DNA 上所有基因定位在染色体或 DNA 基因组的不同位置上，反映在转录图正常或受控条件下能够表达的 cDNA 片段数目、种类、结构与功能的信息，是用来表示 DNA 上哪些核苷酸序列可以编码蛋白质。

也就是说，只有不足 1 万个不同类型的信使 RNA 分子（只有在胎儿的脑组织中，可能有 30%～60% 的基因被表达）。如果将这些信使 RNA 提取出来，并通过一种反转录的过程建成 cDNA 文库，然后再测定这些 DNA 的序列，最终就能绘制成一张可表达基因图——转录图。

所谓反转录是指在反转录酶的作用下，由信使 RNA 反转录出 DNA，这种 DNA 便称为 cDNA。这种 cDNA 的碱基序列与转录信使 RNA 的 DNA 序列是一致的。分析 cDNA 序列就等于分析转录基因的 DNA 序列，由此把绘制可表达基因图称为转录图。

绘制转录图，就需要有大量可表达的 DNA 片段，所以首先要不断地丰富可表达 DNA 片段数据库。到 1996 年夏天，科学家们已收集到 40 万种可表达 DNA 序列，但这个数目并不代表人类基因组中可表达基因的数目（6 万～10 万个基因克隆），因为一个全长的拷贝 DNA 可能产生几个重叠的可表达 DNA 片段。美国人类基因组科学公司称已得到了超过 85 万个可表达 DNA 片段的

数据库，对应于可能的 6 万个不同的基因，这与人类基因组的全部基因数已相差不多了。现在，国际数据库中所贮存的可表达 DNA 片段的数量正以每天 1000 多个的速度增加着。

有了这些可表达 DNA 片段，下一步就是将这些可表达 DNA 片段在人的基因组中定位，即将这些可表达 DNA 片段与某些疾病的易感位点联系起来。

国际合作的人类基因组计划，已公布了至少 160 多万个拷贝 DNA 片段的部分序列，科学家们称之为"能表达的标签"。这 160 万个来自不同组织的拷贝 DNA 片段序列，经过分析与拼接，至少代表了万余个不同基因的部分 cDNA 序列。目前，科学家们尚需把这些转录的 DNA 搁到人类基因组的特定位置上，从而绘制出真正的基因表达图。

你知道吗

基因表达

基因表达是指细胞在生命过程中，把储存在 DNA 顺序中的遗传信息经过转录和翻译，转变成具有生物活性的蛋白质分子。生物体内的各种功能蛋白质和酶都是同相应的结构基因编码的。差别基因表达指细胞分化过程中，奢侈基因按一定顺序表达，表达的基因数约占基因总数的 5% ~ 10%。也就是说，某些特定奢侈基因表达的结果生成一种类型的分化细胞，另一组奢侈基因表达的结果导致出现另一类型的分化细胞，这就是基因的差别表达。其本质是开放某些基因，关闭某些基因，导致细胞的分化。

人类基因组计划的实施

人类基因组计划工程重大而复杂，完成整个计划所需的经费堪称天文数字。因此，搞"人类基因组"这一庞大计划，最初在美国争论得相当激烈。

"人类基因组计划"被民众接受的过程，是社会学家、伦理学家、科学家对民众的一场有关基因的科学普及过程。"人类基因组计划"所揭示出的人类最终的奥秘，势必冲击社会、法律、伦理，因此，必须让广大民众有心理准备。

"人类基因组计划"的形成，曾几度反复。但最后，人类还是选择了它。从历史上说，曾有好几条思路。

"基因论"是"人类基因组计划"的主要思路。不仅疾病与基因有关，人的出生、成长都与基因有关，都与 DNA 的序列有关。

在策略上，"人类基因组计划"采取的是"基因组学"，正如专家杜伯克所说："既然大家都知道基因的重要性，那我们只有 2 种选择，一是'零敲碎打'，大家都去'个体作业'，去研究自己喜欢的、认为是重要的基因；而另一种选择，则是前所未有地从整体上来搞清人类的整个基因组，集中力量先认识人类的所有基因。"

"人类基因组计划"并不是当时独一无二的计划。20 世纪 80 年代初，由于生物技术，特别是遗传工程等技术的进展，生物学、医学的研究酝酿着新突破：大批肿瘤基因与肿瘤抑制基因的发现，使 20 世纪 70 年代趋于彷徨的肿瘤研究"柳暗花明又一村"；基因克隆技术的突破、遗传表达研究技术渐趋完善，"讯号传导"研究初露曙光，神经活动的研究似乎也面临突破；大规模双向电泳、核磁共振等技术的建立与改进，使蛋白质研究方兴未艾……上述每一方面都有理由提出一个"计划"。如"肿瘤计划""遗传工程计划""讯号传导计划"。这些计划都无可非议，也确有人提出，但最终只有"人类基因组计划"被大家接受并成为国际性重大计划。

知识小链接

肿　瘤

肿瘤是机体在各种致癌因素作用下，局部组织的某一个细胞在基因水平上失去对其生长的正常调控，导致其克隆性异常增生而形成的新生物。一般将肿瘤分为良性和恶性两大类。

自然科学有自身规律、内在联系，也有它的发展阶段。所有这些计划的"最关键"因素，都需要基因来操作，这使我们不得不佩服杜伯克"标书"

的真知灼见。从某种意义上讲，"人类基因组计划"是一个"补课计划"。只有了解人类的整个基因组，实施其他计划才有可能。

人类基因组那么庞大，那么复杂，为什么不先从简单物种、更有经济意义的动植物入手？科学家回答了这个问题：①世上万物以人为首，人最重要，整个社会对人最为关切；②没有变异就没有基因的发现，人类在上万年的与疾病斗争的过程中，对人类本身的众多疾病与遗传变异有了较大的积累，也为研究自身提供了最珍贵的材料；③人类基因组研究的策略理论与技术进展，可以直接、迅速地用于解决其他生物基因组的问题，揭示生命现象的本质；④"人类基因组计划"还将推动生物高新技术的发展，产生重大的经济效益，特别是人的基因"产品"，如果能作为药物不仅可改善人的健康状况，经济前景也不可限量。

谁不想了解自己、了解自己的基因？如果没有特殊的外因影响。我们的基因在出生以后变化不大。我们要特别了解：①我们的基因在我们家系中的传递规律，照料好我们的后代；②我们要了解"病与不病"的原因，基因与环境作用的结果，照料好自己的基因。人类基因组计划能够坚持到今天，全靠广大民众的支持。因为这是一项公益性的计划，关系到千家万户、千秋万代。

德国于 1995 年才开始"人类基因计划"。德国在二战后曾错过两个科学发展的机遇，一是电子计算机，二是人类基因组计划。

1985 年 6 月，美国能源部提出了"人类基因组计划"的初步草案。1986 年 6 月，讨论

趣味点击　基因组

基因组是单倍体细胞中的全套染色体为一个基因组，或是单倍体细胞中的全部基因为一个基因组。可是基因组测序的结果发现基因编码序列只占整个基因组序列的很小一部分。因此，基因组应该指单倍体细胞中包括编码序列和非编码序列在内的全部DNA分子。说的更确切些，核基因组是单倍体细胞核内的全部DNA分子；线粒体基因组则是一个线粒体所包含的全部DNA分子；叶绿体基因组则是一个叶绿体所包含的全部DNA分子。

了这一计划的可行性。随后美国能源部宣布实施这一草案。在冷泉港讨论会上，诺贝尔奖金奖获得者吉尔伯特及伯格主持了有关"人类基因组计划"的专家会议。1987年初，美国能源部与国家医学研究院为"人类基因组计划"下拨了启动经费约550万美元，1987年经费总额近1.66亿美元。同时，美国开始筹建"人类基因计划"实验室。1989年美国成立"国家人类基因组研究中心"。1990年，历经5年辩论之后，美国国会批准美国的"人类基因组计划"于10月1日正式启动。总体规划：拟在15年内至少投入30亿美元，进行对人类全基因组的分析。此计划在1993年做了修订，主要内容包括：人类基因组的基因图构建与序列分析；人类基因的鉴定；基因组研究技术的建立；信息系统的建立等。可以看出，美国计划中"定时定量"的硬任务是第一项，即3张图：遗传图、物理图、序列图。而重中之重必须定时保质保量完成的便是DNA序列图。

英国的HGP（人类基因组计划）于1989年2月开始，特点为：全国协调，资源集中。"英国人类基因组资源中心"一直向全国的有关实验室免费提供技术及实验材料服务。自1993年开始，伦敦的Sanger中心成为全世界最大的测序中心，单独完成1/3的测序任务。

法国的"国家人类基因组计划"于1990年6月启动，由科学研究部委托国家医学科学院制定。诺贝尔奖金获得者道赛特以自己的奖金于1983年底建立了CEPH（人类多态性研究中心），法国民众至少捐助了5000万美元，CEPH与相关机构为人类基因组研究，特别是第一代物理图与遗传图的构建作出不可磨灭的贡献。

日本的"国家级人类基因组计划"是在美国的推动下，于1990年开始的。与日本的其他领域的领先地位相比，日本的人类基因组仍略逊一筹，但这几年进展很快。

此外，加拿大、丹麦、以色列、瑞典、芬兰、挪威、澳大利亚、新加坡等也都开始了不同规模、各有特色的人类基因组研究。

由于科学家的呼吁，我国的"人类基因组计划"于1993年开始。这一计划的第一阶段，是国家自然科学基金委员会资助的"重大项目"。

人类只有一个基因组，人类基因组的研究成果应该成为人类共同享有的财富。"人类基因组计划"的最重要特点便是"全球化"。1988年4月，HUGO（国际人类基因组组织）宣告成立。HUGO代表了全世界从事人类基因组研究的科学家，以协调全球范围的人类基因组研究为宗旨，被誉为"人类基因组的联合国"。我国已有多位科学家加入这一组织。

出于同样的考虑。UNESCO（联合国科教文组织）也于1988年10月成立了"UNESCO人类基因组委员会"。1995年，成立了"国际生物伦理学会"。UNESCO发表的《关于人类基因组与人类权利的宣言》，成为"人类基因组计划"的"世界宣言"。

后基因组计划

从1995年起，科学家们就认识到人类基因组计划完成以后，生命科学即将进入"后基因组时代"。后基因组时代，首先是完成人类结构基因组学的扫尾工作；其次是开展功能基因组学的研究。

探索生命的奥秘，只对单个基因进行研究是不够的，还必须从基因组的整体角度出发，才能探知基因的真谛。于是，随着人类基因组计划的进行，整个生物学的研究进入了一个"基因组学"的时代，对生物的研究从表现性状和局部遗传信息的解读，进入到了从分析全基因组序列和对所有基因进行定位以及功能研究的阶段，从以单个基因为研究对象到以整个基因组为研究对象，生物学的研究方式发生了革命性的变化。在这种形势下，1986年，美国遗传学家罗德里克提出"基因组学"新名词，以此适应正在形成的一门新学科。随着基因组研究的新进展，基因组学又被细分为结构基因组学和功能基因组学。结构基因组学就是对基因组进行作图和测序；功能基因组学则是研究已测定DNA序列的功能信息，也就是它对表型的效应。这样，基因组学便成为研究基因组的结构和功能的科学。

目前，人类结构基因组学的研究即将完成，下一步的研究工作进入"后基因组时代"，主要集中开展在功能基因组学的探索工作。1996 年完成的第一个真核生物基因组——酿酒酵母基因组的全序列测定以及对其所含基因的功能研究，为研究功能基因组提供了一个很好的模式，使人类及其他高等真核生物基因组的"基因功能作图"成为可能。当然，功能基因组学的研究任务更艰巨，更需要创新思维，更要发挥研究人员的聪明才智。这是为什么呢？

我们知道，生物体是一个非常复杂的开放系统，它时刻在自然界中摄取着大量能量和物质，同时，它也不断排泄着自己的代谢物，以保持自己的生存。同样地，隐藏在染色体里的基因也是如此，它们也必须时刻保持相互之间的联系，通过对基因的调控来实现有序的稳定状态。一个基因表达的蛋白质能控制另一个基因的开启和表达，各种各样的基因相互控制，结果形成一个极端复杂的控制网络。每个基因只是这个网络的一个点，它能和一个或几个基因有联系，而且每时每刻生命活动都要处理各种各样的问题。这时，信息就不停地触动这张基因构成的网，而这张网将根据接受的信息进行一定的反馈活动。这就像一个国家的国防部，在边界线上设置了许多岗哨，这些岗哨不仅通过电信系统要经常与国防部指挥中心联系，报告负责的边境地段有无异常情况，同时，各个岗哨之间也要保持联系，一旦发生险情，可互通情报，因此就形成了一个巨大的情报网，从而保卫国家的安全。

在进行基因研究时，科学家们往往把基因孤立起来，以尽量减少外界的影响，从而了解它的功能，用有限的几个指标来看看对它的表达有什么影响，于是就得出一个结论说这个基因和生物的什么功能有关。无疑这种判定是不够准确的，有时甚至是错误的，因为很有可能造成孤立地观察一点，而忽略了该点在群体中的实际情况。我们举一个例子，你就会发现基因组的奥妙。

通过基因组的研究发现，鼠

广角镜

代谢物

代谢物亦称中间代谢物，是指通过代谢过程产生或消耗的物质，生物大分子不包括在内。生物大分子的前体及降解产物是真正的代谢物。代谢过程中在酶的作用下生成或转变的小分子化合物也称作代谢物。

和人的基因组大小相近，都含有约 30 亿个碱基对，包含的数目也相近。然而，人和老鼠的外表性状却差异那么大，这是因为什么呢？当我们比较了鼠和人的基因组组织之后就会发现，尽管二者的基因组大小和基因数目相近，但二者的基因组织却差别很大。这也好比说，一个国家国防部如何建立情报网络固然很重要，但是如何把各个边防岗哨组织起来，各尽其责地协调工作，才是充分发挥其巨大防御组织力量所必不可缺少的。

根据对人和鼠的基因组比较研究，存在于鼠 1 号染色体（鼠有染色体 21 对）上的类似的基因，人却分布在 1、2、5、6、8、13 和 18 号 7 个染色体上。也许鼠与人类遗传性状的表型差异，就来自于基因组组织的差异。有科学家估计，不同人种间基因组的差别不会大于 0.1%，而人和猿之间基因组差别也不会大于 1%。因此，产生表型差异的原因不仅在于基因 DNA 序列的差异，也在于其染色体上基因组组织的差异。在破译人和生物的遗传密码的过程中，为了探明基因的功能，从比较不同生物的遗传基因入手寻找基因组组织的差异是十分必要的。因此，比较基因组学是一个十分重要的研究领域。

从上面我们可以知道，对基因功能的研究是十分艰巨和困难的。但是，科学家们深信，虽然探索基因奥秘的征程刚刚起步，前面的路程不仅十分遥远，而且又是那么荆棘丛生，但是人类既已确定了方向，明确了目标，就会一往直前，不畏艰难险阻地向前走下去，直到最终揭开基因的全部秘密。

蛋白质组学计划

大家都知道，蛋白质是生物功能的主要承担者。随着人类基因组计划的实施和完成，虽然对基因的识别将导致对其编码的蛋白质产物序列的了解，但还远不足以全面认识蛋白质的生物功能。事实上，我们对相当多的通过基因序列所认识的蛋白质产物很不了解。一个典型的例子是关于酵母菌的基因组研究。1996 年科学家们将啤酒酵母的基因组全部测序完毕，人们通过全序列分析在酵母菌中发现了 2964 个新基因，但其中约有 2300 个基因和已知的基因没有明显的同源性，至于这些基因有什么功能人们更是一无所知。即使那些跟已知基因有一定同源性的新基因，对它们承担的功能，科学家们也是不甚了解。大量涌现出的新基因数据迫使科学家们不得不面对这样一个问题：这些基因编码的蛋白质的功能是什么？不仅如此，在细胞内合成蛋白质之后，这些蛋白质往往还要经历翻译后的加工修饰。因为最初翻译出来的蛋白质是没有生物活性的，它叫初生多肽，只有在修饰加工以后，才变成具有生物活性的成熟蛋白质。这样一个复杂的过程说明，一个基因对应的不仅是一种蛋白质，而且可能是几种甚至数十种蛋白质。那么，包容了成千上万种蛋白质的细胞是如何活动的呢？或者说这些蛋白质在细胞内是怎样工作、如何相互作用、相互协调的呢？这些问题只靠基因组织研究是不能回答的。也就是说，蛋白质本身有其独特的活动规律，正是在这种背景下，蛋白质组学应运而生。

"蛋白质组"这一名词是由英国科学家 1994 年最先提出来的。它是指一个生物体的全部蛋白质组成，具体来说可以指一个细胞或一个组织的基因组所表达的全部蛋白质。"蛋白质组学"则是专门研究细胞内总体蛋白质（蛋白质组）的表达和运转等一切功能活动规律的新学科。蛋白质组学是从蛋白质整体水平上，在一个更深入、更贴近生命本质的层次上去探索生命活动的规律，以及重要的生理和病理现象的本质等。

蛋白质组具有多样性和可变性。蛋白质的种类和数量在同一个生物体的不同细胞中各不相同，在同一种细胞的不同时期或不同条件下，其蛋白质组也在不断的变化之中。此外，在病理或治疗过程中，细胞中的蛋白质的组成及其变化，与正常生理过程也不相同。随着人类基因组计划的开展和基因组学与蛋白质组学的诞生，生

趣味点击　　啤酒酵母

啤酒酵母是啤酒生产上常用的典型的上面发酵酵母。菌体维生素、蛋白质含量高，可作食用、药用和饲料酵母，还可以从其中提取细胞色素 C、核酸、谷胱甘肽、凝血质、辅酶 A 和三磷酸腺苷等。在维生素的微生物测定中，常用啤酒酵母测定生物素、泛酸、硫胺素、吡哆醇和肌醇等。

命科学迎来了又一次飞跃，使我们有可能从生物大分子整体活动的角度去认识生命，不再是只以个别基因或个别蛋白质为研究对象，因而能够在分子水平上以动态的、整体的角度对生命现象的本质及其活动规律和重大疾病的发生机理进行研究。

蛋白质组的研究包括对蛋白质的表达模式和蛋白质的功能模式的研究两个方面。蛋白质的表达模式主要是分离并鉴定出正常生理条件下的蛋白质组中的全部蛋白质，建立相应的蛋白质组图谱和数据库，这是进行大规模蛋白质组分析研究的基础。分离并得到了蛋白质组的全部蛋白质以后，接下来是比较分析在变化了的条件下（如病理条件下）蛋白质组所发生的变化，比如蛋白质表达量的变化、翻译后的加工等。或者在可能的情况下分析蛋白质在细胞核或细胞器中定位的改变等，从而发现并鉴定出具有特定功能的蛋白质，或与疾病有关的蛋白质。而对蛋白质组功能模式的揭示则是蛋白质组研究的重要目标。基因组也好，蛋白质组也好，最终目标就是要揭示所有基因或蛋白质的功能及其作用模式。细胞或组织中的蛋白质不是杂乱无章的混合物，而是严格有序的、相互作用、相互协调的统一体，它是维持细胞正常生命活动的基础。揭示蛋白质组中蛋白质相互作用的连锁关系，是蛋白质组功能模式研究的重要内容。

知识小链接

细 胞 器

细胞器是细胞质中具有一定结构和功能的微结构。细胞中的细胞器主要有：线粒体、内质网、中心体、叶绿体，高尔基体、核糖体等。它们组成了细胞的基本结构，使细胞能正常的工作、运转。

随着蛋白质组学的不断深入研究，科学家们必将在揭示生长、发育和代谢调控等生命活动规律方面有重大突破，而且对探讨主要疾病的发病机理、疾病的诊断和防治以及新药的开发等，也将提供重要的理论依据。

我国加盟人类基因组计划

　　国际人类基因组计划的核心，是测定人类基因组的全部 DNA 序列。国际人类基因组计划，在美国和英国几乎家喻户晓。近年来，我国也加入了人类基因组计划，让我们共同探讨中国基因时代的研究战略吧！

加盟世界基因组织

2000 年 6 月 26 日，是人类科学史上划时代的一天。这天，中国作为唯一的发展中国家，与美、英、日、法、德等国同时宣布：人类基因组计划"工作框架图"绘制完成。中国人将自己的名字自豪地镌刻在被誉为生命科学"登月计划"的史册上。这一生命蓝图的绘制，也标志着我国在基因组学科与产业化领域内达到了国际先进水平。

我国是一个人口大国，丰富的人群遗传资源是人类基因组研究的宝贵财富。我国的人类基因组计划于 1994 年启动，由国家自然科学基金委、国家高技术计划和国家重点基础研究计划联合资助。在过去的几年中，通过科学界的共同努力，组织了一支精干的科研队伍，建立了全国性的遗传资源网，引进和建立了一整套较完整的基因组研究体系，同时，也获得了一批重要的研究成果。在基因组多样性领域，对我国人群的遗传关系以及与世界其他人群的关系进行了研究，研究结果支持现代智人"走出非洲"学说。其次，疾病基因的研究也取得了实质性的进展，克隆了遗传性高频耳聋的致病基因，定位了若干单基因疾病的染色体位点。在白血病和与某些实体肿瘤相关基因的结构、功能研究方面，取得了一批具有国际影响的成果。此外在功能基因研究方面也实现了突破，已获得 EST 十多万条，克隆了 1000 条以上基因的全部 cDNA。上述工作成果，已有不少发表于国际著名学术刊物，得到了国际学术界的好评。

随着科研的深入，我国 HGP（人类基因组计划）的研究规模和水平出现了质的飞跃。在国家科技部和上海市、北京市的大力支持下，相继成立了国家人类基因组南方和北方研究中心。在国家科技部和中国科学院的支持下，由中科院遗传所基因组中心、国家人类基因组南、北研究中心共同承担了全球人类基因组测序计划的 1%（3 号染色体短臂 30Mb 区域）。经过半年拼搏，取得了重大进展，工作草图已于 2000 年 4 月底结束。除此以外，对若干致病微生物如钩端螺旋体的研究工作已在国家人类基因组研究中心展开。一批实验室已致力于对中国人群 SNP（单核苷酸多态性，也称基因的多态性）的大规模研究，试图揭示遗传和环境因子的相互作用在我国人群疾病发生、发展中的作用。

人类基因组计划因为投入巨大、技术复杂，已成为一个国家综合国力的标志之一。我国正满怀信心地走在世界前沿。

◆ 生物资源基因组计划

中国在生物技术大规模的研究、开发与应用方面起步较晚，但做到了目标明确、措施得力。自 20 世纪 80 年代中期开始，我国先后制订了一系列科学技术发展计划，其中生物技术的研究与推广应用占有极其重要的位置。其目标是，要更好地满足人民营养需求和提高健康保障水平；其重点是，研究高产、优质、抗逆的动植物新品种，蛋白质工程，新型药物、疫苗和基因治疗等，以解决我国农业、医疗发展中存在的关键问题。

在大规模测序能力的基础上，我国科学家正在实施一个宏伟的生物资源基因组计划，以期掌握更多的有特色的中国生物基因资源。第一项就是超级水稻基因组计划，这项计划必将对水稻研究和粮食生产产生重大影响；第二项是对家猪等重要生物进行基因测序。

水稻基因组共有 4.3 亿对碱基，人类基因组约有 30 亿对碱基。从我国科学家刚刚完成的 1% 人类基因组"工作草图"，到相当于人类基因组计划七分之一工作量的水稻基因组大规模测序，这意味着我国基因组研究将步入一个崭新的历史时期。

我国超级杂交水稻基因组计划已于 2000 年 5 月正式启动。未来，来自北京华大基因研究中心、国家杂交水稻工程技术研究中心的科学家，将联合起来在世界上率先破译超级杂交水稻的遗传密码，通过比较基因组学研究，科学家将获得相关的遗传信息，阐明水稻杂交优势的机理，从而为提高水稻产量和改善品质、保持我国杂交水稻生产的国际领先地位打下永久性的基础。

作为重要的生物资源，家猪是我国科学家构想中的"中国生物资源基因组计划"的第二个项目。无论是基因的数量，还是碱基对的数目，家猪基因组和人类基因组都很相似，基因也大部分相同，差异性不超过5%～10%。

趣味点击　遗传信息

遗传信息指生物为复制与自己相同的东西，由亲代传递给子代或各细胞每次分裂时由细胞传递给细胞的信息，即碱基对的排列顺序（或指DNA分子的脱氧核苷酸的排列顺序）。

2000年6月30日，我国科学家在世界上率先启动家猪基因组测序计划，力争尽快拿到"工作框架图"，从而为家猪品种改良、医学研究、生物医药工业发展提供基因组序列信息。这是继圆满完成1%人类基因组计划"工作框架图"测序任务后，我国科学家向基因组研究及生物产业又一领域的进军。

目前，我国科学家构建的基因组测序能力已经超过法国和德国，名列世界第四。强大的大规模测序能力，为科学家进一步开展工作奠定了基础。另外我国特有的生物资源是发展我国21世纪生物产业的重要战略资源，大规模基因组测序技术的发展，使生物资源由群体资源或种质资源转变为基因组序列信息资源。

人类功能基因研究

人类基因组计划中最受关注的莫过于对与人类重大疾病相关基因和具有重要生物学功能基因的克隆分离、功能鉴定与开发应用的研究。我国人类功能基因大规模研究获得重要进展，主要体现在以下方面：

1. 开展新课题"家畜转基因乳腺反应器及克隆技术开发研究"。现代生物科学告诉我们，包括癌症在内的许多疾病确实可以通过基因药物加以治疗，只是由于人类获取基因药物的手段目前还极少，产量也极有限，所以现在还不能真正应用于临床。而"家畜转基因乳腺反应器及克隆技术开发研究"项目就是要找到一条低成本、大规模生产基因药物的新路。我国将该项目分两步进行：第一步是将具有生物活性的供人使用的药品蛋白基因导入母牛体内并使其在牛乳汁中表达出来，从而建立起乳腺生物反应器，生产基因药物。之所以选用乳腺作为反应器，主要是因为乳腺细胞具有动物其他体细胞所不具备的分裂功能，从而较容易得到高表达的转基因动物个体。第二步则是通过克隆技术对用上述方法得到的动物个体进行无性繁殖，最终建立起"动物药品工厂"，这些基因药物将使目前被视为绝症的不少疾病有望治愈。

2. 绘制人类下丘脑—垂体—肾上腺轴神经内分泌系统的基因表达谱。2000 年 8 月，我国科学家在国际上首次完成了人类下丘脑—垂体—肾上腺轴这一神经内分泌重要系统的基因表达谱的绘制。同时在下丘脑—垂体—肾上腺轴克隆了 200 条人类新基因。

科研人员通过研究发现，下丘脑—垂体—肾上腺轴对机体的神经内分泌调控及对免疫的影响有其内在的分子机制，下丘脑、垂体、肾上腺除分泌已知的激素外，还分泌一些其他的细胞因子或激素；在下丘脑—垂体—肾上腺轴的调节方面，肾上腺轴除存在长程反馈机制外，还有器官内的局部反馈，这样可能会精细地调节分泌激素。

你知道吗

垂体

垂体位于丘脑下部的腹侧，为一卵圆形小体。它是身体内最复杂的内分泌腺，所产生的激素不但与身体骨骼和软组织的生长有关，且可以影响内分泌腺的活动。垂体可分为腺垂体和神经垂体两大部分。神经垂体由神经部和漏斗部组成。垂体借漏斗连于下丘脑，呈椭圆形，位于颅中窝、蝶骨体上面的垂体窝内，外包坚韧的硬脑膜。位于前方的腺垂体来自胚胎口凹顶的上皮囊，腺垂体包括远侧部、结节部和中间部；位于后方的神经垂体较小，由第三脑室底向下突出形成。

研究同时发现，科学家从下丘脑—垂体—肾上腺轴克隆的 200 条人类新基因，可能与下丘脑—垂体—肾上腺轴的重要生理功能有关。

这项研究成果表明我国科学家为国际人类基因组计划的完成作出了新贡献。研究人员对人类新基因的克隆，不仅在识别人类新基因、构建人类基因组转录图、对基因组测序结果进行判定及诠释等方面具有重大理论意义，而且对我国生物技术和制药工业的发展有实际应用价值。

3. 我国科学家对白血病的研究取得突破性进展。我国科学家不仅在国际上首次成功地分离和克隆了若干新病毒基因，而且证实了新病毒基因在人类急性白血病细胞中呈特异性表达。已克隆出病毒基因的 4 种常见白血病是：慢性粒细胞性白血病、急性早幼粒细胞性白血病、急性淋巴性白血病和急性粒细胞性白血病。

急性白血病是一类常见的严重危害人类健康的恶性肿瘤。有关资料显示，急性髓系白血病患者 5 年内无病生存率不到 20%。其主要原因在于病因与发病机理至今不详，无法制订有效的防治计划。1996 年，我国科学家在国际上首次发现和证实人类急性白血病细胞中含有新的逆转录病毒，同时首次揭示了新病毒颗粒的形态学特征和理化特性，并提出了人类急性白血病逆转录病毒病因学学说。

这项成果将有助于深入研究人类急性白血病病毒病因学和应用抗病毒疫苗防治白血病。病毒病因学一旦得到证实，人类白血病不仅有可能应用抗病毒疫苗得到预防，而且治疗手段也将从目前应用化疗杀细胞转向抗病毒治疗。

4. 我国科学家已掌握基因打靶技术，将基因打靶技术应用于凝血调节机制的研究，建立了蛋白质 Z 缺失和凝血因子突变的动物模型。

基因打靶是一项高新生物技术，是指在生物体内诱发精确、定向的基因删除或替代，而不累及其他基因。它使人们能按照设计对哺乳动物细胞基因组进行定点、定量的改变，从而改变细胞或整体的遗传结构和特征。基因打靶现已经被证明为精确修饰基因组的最有效方法。

蛋白质 Z 是一种早在 20 世纪 70 年代就被提纯的维生素 K 依赖性血浆蛋白，在人体血液中含量很高。然而，对蛋白质 Z 的生理功能，多年来却一直是个谜。我国科学家应用普通基因删除和条件性基因替代技术，培育出具备蛋白质 Z 缺乏和凝血因子突变特征的遗传工程小鼠。经过两年多时间的艰苦探索，发现凝血因子的突变体会使人体内的凝血酶增加、导致血栓，而血栓的表型严重性会随着蛋白质 Z 的缺乏而逐步增加。同时，体外研究发现，人类血浆凝血反应随着蛋白质 Z 浓度的降低而减弱。蛋白质 Z 与活化凝血因子在磷脂表面形成了钙离子依赖性复合物，并在"蛋白质 Z 依赖性蛋白酶抑制剂"的作用下，抑制活化凝血因子的活性。

这些研究成果的发现，在国际上第一次阐明了蛋白质 Z 在调节凝血过程中重要的生理功能，丰富了凝血调节机制理论。标志着我国科学家掌握了先进的基因打靶技术，在制备特殊的遗传工程动物模型方面走在了国际同行的前列。